GARDE MUNICIPALE
DE PARIS.

INSTRUCTION

SUR

LE SERVICE DE LA GARDE MUNICIPALE,

Imprimée avec approbation de M. le Pair de France Préfet de police.

PARIS,
CHEZ LEAUTEY, IMPRIMEUR-LIBRAIRE DE LA GARDE MUNICIPALE DE PARIS.

Prix : 2 fr.

ÉDITION DE 1845.

AVERTISSEMENT.

En l'absence d'un règlement spécial sur le service du corps, ce travail qui résume tous les ordres et décisions donnés jusqu'à ce jour sur toutes les parties du service journalier de la garde municipale, a paru à la Commission, présidée par le colonel-commandant, le moyen le plus efficace de faciliter aux militaires de tous grades l'accomplissement ponctuel des obligations qui leur sont imposées, suivant la nature des différents services auxquels ils sont appelés à concourir ; c'est donc dans ce but que la présente Instruction a été rédigée : elle se divise en trente-et-un chapitres, dont chacun d'eux, traite des matières qui ont quelqu'analogie entrelles.

Pour tout ce qui n'est pas prévu dans cette Instruction, on se conformera à l'ordonnance royale du 29 octobre 1820, sur le service de la gendarmerie ; aux règlements sur le service des troupes à pied et à cheval, relativement aux dispositions qui peuvent sans inconvénient s'appliquer au service de l'arme.

INSTRUCTION

SUR

LE SERVICE DE LA GARDE MUNICIPALE.

CHAPITRE PREMIER.

FORMATION DES COMPAGNIES POUR L'ORDRE EN BATAILLE.

ART. 1er.

La division par escouades, demi-sections et sections des compagnies d'infanterie ne pouvant avoir lieu, attendu leur composition, de la manière indiquée par les règlements, elle sera faite par rang de taille, et autant que possible les hommes seront ainsi placés dans les chambrées. Chaque compagnie formera 3 sections.

ART. 2.

La 1re section est commandée par le 3e lieutenant, elle comprend, savoir :

1° Le maréchal des logis fourrier;

2° La 1re subdivision commandée par le 1er maréchal des logis;

3° La 2e *id.* *id.* par le 5e *id.*

4° La 3e *id.* *id.* par le 8e *id.*

ART. 3.

La 2e section est commandée par le 2e lieutenant, elle comprend :

1° Le brigadier fourrier;

2° La 4e subdivision commandée par le 4e maréchal des logis;

3° La 5e subdivision commandée par le 3e maréchal des logis.

ART. 4.

La 3e section est commandée par le 1er lieutenant, elle comprend :

1° Le maréchal des logis chef;

2° La 6e subdivision commandée par le 7e maréchal des logis;

3° La 7e subdivision commandée par le 6e maréchal des logis;

4° La 8e subdivision commandée par le 2e maréchal des logis.

ART. 5.

Pour tous les appels et les formations en bataille, les hommes sont placés par rang de taille, afin de les habituer à connaître leur rang et à s'y placer promptement.

ART. 6.

Chaque lieutenant d'infanterie établit lui-même le livret prescrit par le règlement et conforme au modèle adopté pour le corps; il comprend, le contrôle par rang de taille et celui par rang d'ancienneté de toute la compagnie, ainsi que le demi-sigalement et la situation de la masse après la liquidation de chaque trimestre, pour les hommes seulement de sa section; il veille à ce que tous les sous-officiers et brigadiers sous ses ordres en établissent de semblables, mais seulement pour les hommes qu'ils commandent. MM. les lieutenants de cavalerie se conformeront à l'article 112 du service intérieur de la cavalerie. Livret de section.

Art. 7.

Ordinaire.

La direction de l'ordinaire est toujours confiée aux soins du plus ancien lieutenant présent. (Voir ses fonctions, art. 175 de la présente Instruction.)

CHAPITRE II.

HEURES DU SERVICE D'HIVER.

Art. 8.

Heures du service d'hiver.

Les heures du service d'hiver sont ainsi réglées :

6 heures, réveil pour les deux armes.

6 heures 1/4, déjeuner des chevaux sous la surveillance du maréchal des logis de semaine.

6 heures 3/4, demi-appel pour le pansage.

7 heures, appel et pansage jusqu'à 8 heures ; l'officier de semaine s'y trouve toujours, et le capitaine de police autant que son service le lui permet.

7 heures, ouverture des portes du quartier.

7 heures 10 minutes, signature des rapports par le capitaine de police, commandant de compagnie et d'escadron ; remise ensuite des pièces au capitaine de police.

7 heures 1/4, départ des plantons pour l'état-major.

8 heures, visite des officiers de santé.

8 heures 1/2, roulement de la soupe.

8 heures 3/4, assemblée et inspection prescrites par l'article 109 pour les hommes de service.

9 heures, rapport chez le colonel.

9 heures 5 minutes, rappel aux tambours.

9 heures 10 minutes, appel de l'infanterie et des cavaliers de service (Voir pour cet appel les articles 13 et suivants); visite des chambres, après le défilé, par les officiers de semaine qui y passent au moins deux fois par semaine, pendant les repas; service du lendemain affiché.

9 heures 1/4, exercice de la 2e classe jusqu'à 11 heures 1/4.

9 heures 1/2, cours de rédaction les mardis, jeudis et samedis jusqu'à 11 heures.

10 heures, promenade des chevaux jusqu'à 11 heures, les lundi, mercredi et vendredi de chaque semaine. Les gardes d'écurie y assistent au besoin, et sont remplacés pendant leur absence par des hommes pris dans le piquet. Les chevaux des hommes de service à pied, ou absents, sont montés par des gardes disponibles. Si le nombre de ces derniers n'est pas suffisant, on fait monter de préférence les chevaux n'ayant pas fait de service depuis longtemps, mais aucun cheval n'est conduit en main. En cas de pluie, l'heure de la promenade est donnée par le capitaine de police.

11 heures 1/2, service supplémentaire du jour et du lendemain, commandé affiché.

11 heures 3/4, cours élémentaire tous les jours, excepté le dimanche jusqu'à 1 heure 3/4.

Midi, dîner des chevaux, sous la surveillance des maréchaux des logis de semaine. MM. les officiers y assistent de temps à autre.

1 heure 3/4, demi-appel pour le pansage.

1 heure 3/4, exercice de la 2e classe jusqu'à 3 heures 3/4.

2 heures, appel et pansage jusqu'à 3 heures sous la direction du capitaine de police et de l'officier de semaine. Lecture des ordres et décisions, service des 24 heures commandé nominativement. Le dimanche il n'y a point de pansage à 2 heures, on se borne à faire boire les chevaux.

3 heures, départ des porteurs de soupe sous la surveillance du brigadier de garde. Dans des circonstances extraordinaires, cette heure n'est changée que d'après l'ordre du capitaine de police.

3 heures 1/4, deux coups de baguettes pour le dîner des hommes de spectacle. MM. les capitaines de police sont autorisés à modifier l'heure de la soupe pour la garde de quelques établissements qui doit partir plus tôt que les autres postes. Les brigadiers de semaine ont la liste de ces établissements.

3 heures 3/4, inspection et défilé des hommes de spectacle.

4 heures, roulement de la soupe. Appel dans les chambres conformément à l'article 19.

6 heures 1/2, souper des chevaux, sous la surveillance du maréchal des logis de semaine. Retraite, à l'heure indiquée par la place.

9 heures, appel du soir dans les chambres, et fermeture des portes du quartier. (Voir l'article 20 concernant cet appel.)

10 heures, Rentrée des sous-officiers sous la surveillance des adjudants qui en font le contre-appel de temps à autre. Extinction des lumières dans les chambrées où elles ne sont point nécessaires. Les adjudants rendent compte du contre-appel au capitaine de police.

Ce chapitre est copié et affiché au poste de la police par les soins de l'adjudant.

HEURES DU SERVICE D'ÉTÉ.

ART. 9.

Les heures de service d'été sont ainsi réglées :

5 heures, réveil de la cavalerie. Heures de service d'été.

5 heures 1/4, déjeuner des chevaux, sous la surveillance du maréchal des logis de semaine.

5 heures 3/4, demi-appel pour le pansage et réveil pour l'infanterie.

6 heures, appel et pansage jusqu'à 6 heures 3/4 ; l'officier de semaine s'y trouve toujours, et le capitaine de police autant que son service le lui permet.

6 heures, exercice de la 2e classe d'infanterie jusqu'à 8 heures.

6 heures 1/2, ouverture des portes du quartier, signature des rapports par les capitaines de police, commandant de compagnie ou d'escadron, et remise des pièces aux capitaines de police.

6 heures 3/4, départ des plantons pour l'état-major.

7 heures, instruction des cavaliers et promenade des chevaux.

7 heures 1/2, visite des docteurs.

8 heures 1/2, roulement de la soupe.

8 heures 3/4, assemblée et inspection prescrites par l'article 109 des hommes de service.

9 heures, rapport chez le colonel.

9 heures 5 minutes, rappel aux tambours.

9 heures 10 minutes, appel pour l'infanterie et cavaliers de service. (Voir les articles 13 et suivants, relatifs aux appels.)

9 h. 1/2, cours de rédaction, les mardis, jeudis et samedis jusqu'à 11 heures.

11 heures 1/2, service supplémentaire du jour et du lendemain commandé et affiché.

11 heures 3/4, cours élémentaire tous les jours, excepté le dimanche, jusqu'à 1 heure 3/4.

Midi, dîner des chevaux, sous la surveillance des maréchaux des logis de semaine. Les officiers de semaine y assistent de temps à autre.

1 heure 3/4, exercice de la 2e classe d'infanterie jusqu'à 3 heures 3/4.

1 heure 3/4, demi-appel pour le pansage.

2 heures, appel et pansage jusqu'à 3 heures. On se conforme à ce qui est prescrit pour cet appel, aux heures de service d'hiver, article 8.

3 heures 1/4, deux coups de baguettes pour le dîner des hommes de spectacle.

3 heures 1/2, départ des porteurs de soupe. Dans des circonstances extraordinaires cette heure n'est changée que d'après l'ordre du capitaine de police.

3 heures 3/4, inspection et défilé des hommes de spectacle.

4 heures, roulement de la soupe, appel dans les chambres, conformément à l'article 19.

7 heures, souper des chevaux sous la surveillance des sous-officiers de semaine.

— retraite à l'heure indiquée par la place.

9 heures 1/2, appel du soir dans les chambres. (Voir l'article 20 concernant cet appel, et fermeture des portes du quartier.)

10 heures 1/2, rentrée des sous-officiers sous la surveillance de l'adjudant qui en fait le contre-appel de temps à autre et en rend compte au capitaine de police.

10 heures 1/2, extinction des feux dans les chambrées où ils ne sont point utiles.

Lorsque l'ordre de prendre le service d'été est donné, les adjudants affichent une copie de cet article au poste de la police.

CHAPITRE III.

APPELS DE LA JOURNÉE.

ART 10.

Appel au réveil.

Au réveil des deux armes, les brigadiers de semaine font l'appel dans les chambres; ils s'informent s'il y a des hommes malades, si les permissionnaires sont rentrés aux heures prescrites, etc., et portent aussitôt au corps de garde les noms de ceux malades, sortant de l'hôpital, ou rentrant de permission au-dessus de 8 jours ou de congé, en indiquant l'escalier et le numéro de la chambrée, et rendent compte au maréchal des logis de semaine, et celui-ci au maréchal des logis chef. Les hommes sortant en patrouille de 1 heure à 3 heures du matin, pourront rester couchés jusqu'à 8 heures du matin.

ART. 11.

Appel du pansage.

L'appel est fait à rangs ouverts; les hommes tiennent au bras gauche un bouchon de paille, le bridon et la musette contenant une étrille, une brosse, une époussette, un peigne et une éponge. On se conforme pour le reste aux articles 13, 14 et 15 en ce qu'ils ont d'applicables à la cavalerie. — Les cavaliers sortent de la salle de police pour panser leurs chevaux sous la responsabilité du brigadier de semaine.

ART. 12.

Appel du piquet.

L'officier de piquet fait l'appel du piquet chaque fois qu'il le juge nécessaire, afin de s'assurer de la présence des hommes. Si cet appel a lieu le matin à l'heure du pansage, le maréchal des logis de semaine répond pour les cavaliers; les hommes d'infanterie sortis en patrouille de 1 heure à 3 heures du matin, seront dispensés de se trouver à cet appel; le sous-officier de piquet en tiendra note afin de les faire lever promptement si le piquet devait marcher.

ART. 13.

Appel du matin.

L'appel est fait pour toutes les réunions de la compagnie d'après le contrôle établi par rang de taille et à rangs ouverts partout où la localité le permet. Après le troisième roulement, les maréchaux des logis chefs alignent les compagnies et font ouvrir les rangs. Au premier coup de baguettes l'appel commence à la fois dans toutes les compagnies; il est fait par le maréchal des logis chef, ou, en son absence, par le maréchal des logis de semaine; ce dernier, lorsqu'il ne fait point l'appel, se place auprès du maréchal des logis chef pour répondre pour les hommes de service et absents; le brigadier de semaine se place à la droite du premier rang. Le lieutenant de semaine passe l'inspection de la compagnie pendant l'appel. Les gardes d'écurie sont placés à la gauche des cavaliers de piquet.

ART. 14.

L'appel terminé, le maréchal des logis chef en rend compte au lieutenant de semaine, qui, au deuxième coup de baguettes, rend l'appel au capitaine de police. Le maréchal des logis chef fait ensuite serrer les rangs, former le cercle; il fait donner lecture à la troupe, par le fourrier, des ordres et décisions, et commande nominativement le service du lendemain. Le 1er et le 2 de chaque mois, il est donné lecture du code pénal aux compagnies et escadrons à l'appel du matin.

ART. 15.

Lecture des ordres.

La lecture des ordres terminée et le service commandé, le capitaine de police fait battre la berloque, et les compagnies rompent les rangs d'après l'ordre qui en est donné par le lieutenant de semaine. Les gardes d'écurie sont envoyés à leur poste. (Chaque ordre doit être lu à trois appels consécutifs.)

ART. 16.

Le capitaine de police fait ensuite rappeler pour la garde; alors les maréchaux des logis et brigadiers de semaine réunissent les hommes de service par compagnie pour l'inspection du capitaine de police, et cette inspection terminée, l'adjudant forme les postes.

ART. 17.

Défilé de la garde.

Les postes étant formés, les officiers et sous-officiers de semaine se placent devant le front de la troupe, de manière que la dernière compagnie soit à hauteur et faisant face à la droite de la garde; ils sont sur quatre rangs et par ordre de compagnie. L'adjudant se place à la gauche du maréchal des logis chef de la dernière compagnie. Le capitaine de police fait ensuite exécuter quelques temps du maniement d'armes et fait défiler la garde à son commandement.

ART. 18.

Si un officier supérieur de semaine se présente avant le défilé, le capitaine de police prend ses ordres.

ART. 19.

Appel de 4 heures. L'appel de 4 heures est fait dans les chambres par les maréchaux des logis de semaine qui le rendent aux maréchaux des logis chefs et aux adjudants.

ART. 20.

Appel du soir. L'appel du soir est fait dans les chambres, à haute voix, par le maréchal des logis de semaine, qui tient correctement un contrôle pour cet usage ; l'officier de semaine, le maréchal de logis chef et le brigadier sont présents. Les maréchaux des logis chefs constatent, à l'appel du soir, l'absence des sous-officiers et brigadiers fourriers qui ne sont point présents; leurs noms sont remis au maréchal des logis de garde à la police avec ceux des hommes en permission de minuit et de 10 heures, ou qui doivent être de service pendant la nuit. Les sous-officiers qui ne sont point sortis au moment de l'appel du soir doivent en prévenir le maréchal des logis chef, afin qu'ils ne soient point portés absents. L'appel est rendu par écrit au capitaine de police par l'officier de semaine.

ART. 21.

Contre-appel. L'adjudant fait de temps à autre le contre-appel des sous-officiers, il en rend compte au capitaine de police. Les maréchaux de logis chefs font le contre-appel quand ils supposent que des hommes se sont esquivés du quartier.

CHAPITRE IV.

TENUE JOURNALIÈRE DE SERVICE ET AUTRES.

ART. 22.

Tenue d'hiver. L'infanterie prend la capote, elle est boutonnée à droite le premier mois, et à gauche le second, et ainsi de suite jusqu'à la reprise de la tenue d'été, en changeant de côté chaque mois. Les sous-officiers et brigadiers fourriers portent également la capote en tenue de ville. (Infanterie et cavalerie.) Le couvre-giberne est pris par l'infanterie pour la tenue de service.

ART 23.

Pour le service à cheval, les cavaliers ont le pantalon collant de drap dans les grosses bottes. Le pantalon de daim n'est porté que sur un ordre de l'état-major. Le pantalon large est pris pour le service à pied.

ART. 24.

Pour le service intérieur des deux armes, MM. les officiers ont la capote avec l'aiguillette, chapeau et épée. Pour le piquet, MM. les lieutenants d'infanterie ont le shako, et ceux de cavalerie le chapeau.

ART. 25.

Décorations. MM. les officiers, sous-officiers et gardes décorés portent leur décoration avec la capote.

ART. 26.

Les dimanches et fêtes la tenue est en surtout pour les deux armes dès 10 heures du matin.

ART. 27.

Pour les exercices du matin et la promenade des chevaux, les cavaliers ont le pantalon de coutil par-dessus le pantalon de drap, veste et bonnet de police. L'infanterie est également en veste et bonnet de police pour les exercices du matin ; pantalon de drap.

ART. 28.

Tenue d'été.

L'infanterie reprend le surtout, pantalon bleu; la cavalerie, le pantalon large pour le service à pied, et le pantalon de daim dans les grosses bottes pour le service à cheval.

ART. 29.

Lorsque l'ordre est donné de prendre le pantalon d'été, le pantalon gris est porté par les deux armes pour tout le service à pied et la tenue de ville, excepté les dimanches et fêtes où le pantalon blanc est de rigueur dès le matin pour les hommes de service, et après l'appel de 9 heures pour ceux qui n'en sont point.

ART. 30.

Pour le service de garde, les hommes portent la capote roulée en sautoir. Le couvre-giberne n'est mis que la nuit dans les postes.

ART. 31.

Tout service extraordinaire pour l'infanterie, de quelque nature qu'il soit, est fait en capote à partir de la retraite à 6 heures du matin.

ART. 32.

Pour le service des patrouilles de nuit, les cavaliers portent le pantalon gris dans les grosses bottes.

ART. 33

Lorsque le temps est froid ou pluvieux, ils sont autorisés à mettre le pantalon de drap sous le pantalon gris.

ART. 34.

Changement dans la tenue.

En cas de mauvais temps, le changement pour la tenue est ordonnée par le colonel, l'avis en est transmis le matin par l'état-major aux capitaines de police qui en font prévenir immédiatement les officiers, compagnies et escadrons.

ART. 35.

Tenue pour les appels du pansage.

Pour les appels du pansage, les cavaliers sont en veste, bonnet de police, pantalon d'été ou de drap sous celui de coutil, suivant la saison, sabots et chaussettes ; les cavaliers de piquet sont en veste d'écurie, bonnet de police, pantalon de tenue et grosses bottes.

Le maréchal des logis de semaine est en casque et sabre.

Le brigadier en bonnet de police, et le maréchal des logis chef en chapeau.

ART. 36.

Tenue pour les appels du piquet.

Pour l'appel du piquet, les hommes sont en tenue et armés; mais si cet appel a lieu peu d'instants avant le pansage, les cavaliers de piquet viendront répondre en veste décurie, bonnet de police, pantalon de tenue et grosses bottes.

ART. 37.

Tenue de service de MM. les officiers.

MM. les officiers d'infanterie doivent avoir le shako pour tout service extérieur, quel qu'il soit; ceux de cavalerie sont en chapeau et épée pour la garde, le piquet de la caserne, le service des bals de nuit et théâtres royaux ; MM. les lieutenants des deux armes sont en surtout pour le service des bals, théâtres royaux et concerts.

2° MM. les officiers montés sont toujours à cheval pour tous services extérieurs, tels que rondes et détachements et dans la tenue prescrite pour leur troupe.

ART. 38.

Tenue pour l'appel du matin et la parade.

Pour l'appel et la parade, les officiers et les maréchaux des logis chefs sont en chapeau et épée, les maréchaux des logis et brigadiers de semaine sont en shako ou casque et sabre; la troupe qui n'est pas de service est en veste et bonnet de police, pantalon suivant la saison.

ART. 39.

Tenue de réunion de MM. les officiers et soirées au château.

Toutes les fois qu'une réunion est ordonnée en uniforme pour MM. les officiers, soit pour conseil de discipline, d'administration, jury ou autres, la tenue est en surtout, chapeau, épée, pantalon blanc en été, et de drap en hiver.

2° Pour les réceptions au château des Tuileries, MM. les officiers sont en surtout, pantalon bleu, chapeau, épée, bottes sans éperons, gants blancs-glacés, porte-épée et sous-pieds noirs; la même tenue est prescrite pour le spectacle et le concert à la cour;

3° Pour les bals à la cour, même tenue, avec habit de grande tenue et pantalon blanc;

4° Pour les invitations chez les princes de la famille royale, la tenue sera la même que ci-dessus, suivant l'ordre des invitations.

ART. 40.

Armement, habillement et insignes des officiers.

MM. les officiers d'infanterie et de cavalerie ne doivent porter d'autres armes dans le service que celles adoptées par le corps.

2° Les pantalons dits à pied sont formellement interdits dans le service. Les gants sont en tricot blanc pour l'infanterie, en peau pour la cavalerie et en peau blanche-glacée pour les soirées aux Tuileries;

3° Les insignes et ornements de la tenue doivent être en argent doré au titre;

4° Le porte-épée et les sous-pieds sont en cuir noir;

5° Le plumet d'officier doit être pour l'infanterie en plumes d'autruche, et pour la cavalerie en plumes de coq, et de la hauteur de 31 centimètres;

Décorations.

6° Les décorations portées dans le service commandé et dans les réunions sont celles d'ordonnance. Le port de celles d'un modèle plus petit peut-être toléré pour le service des casernes;

7° La coupe des effets d'habillement de MM. les officiers doit être en tout conforme à celle de la troupe; ils doivent tous être pourvus d'un pantalon de casimir ou de drap blanc;

Cheveux, favoris, moustaches et mouche.

8° Les cheveux doivent être coupés courts, surtout par derrière, et ne point former de boucles; les favoris ne dépassent pas la hauteur de la bouche et ne doivent pas se joindre aux moustaches; les moustaches ne doivent être ni cirées ni graissées, elles doivent être rafraîchies lorsque cela est nécessaire; la mouche, ne devra jamais dépasser les proportions suivantes: largeur de 40 millimètres au plus, lorsqu'elle sera trop longue elle sera ramenée à une dimension raisonnable.

ART. 41.

Tenue des hommes ayant rendu leurs armes.

Tout homme qui a rendu ses armes comme devant être congédié, ne peut sortir du quartier, jusqu'au moment de son départ, sans être dans la tenue du jour : les sabres des hommes absents peuvent, si le capitaine de la compagnie le juge convenable, leur être prêtés.

ART. 42.

MM. les officiers doivent surveiller la tenue des hommes qu'ils rencontrent en ville ; ils doivent punir sévèrement tout militaire du corps qu'ils rencontreraient vêtu d'effets malpropres, qui n'aurait pas de gants ou ne serait point coiffé militairement, donnant le bras à des gens ivres, mal vêtus ou à des filles publiques, fumant dans les rues ou promenades publiques, qui serait habillé en bourgeois même étant en permission dans Paris ou la banlieue ; *Tenue des hommes en ville.*

2° La corne du devant du chapeau doit être placée perpendiculairement au-dessus de l'œil gauche, le bord de la forme à environ 25 millimètres au-dessus du sourcil gauche, le sourcil droit en partie couvert ; il est expressément défendu aux militaires du corps de porter le chapeau en colonne. *Manière de porter le chapeau et le sabre.*

L'infanterie doit porter le sabre contre la cuisse gauche et à la hanche, et la cavalerie le suspendre au crochet ;

3° Le shako doit être placé droit et d'aplomb sur la tête, de manière que le milieu de la visière corresponde à la ligne du nez ; *Shako.*

4° Le bonnet de police doit être placé de manière que la grenade corresponde à la ligne du nez, incliné légèrement à droite, le bord touchant presque le sourcil droit et éloigné d'environ un pouce du sourcil gauche ; *Bonnet de police.*

5° On veillera également à ce que les sous-officiers et brigadiers n'attachent jamais leurs franges d'épaulettes ;

6° Jusqu'à 10 heures du matin, la tenue est en veste et bonnet de police pour les brigadiers et gardes, et en surtout ou capote suivant la saison pour les sous-officiers et brigadiers fourriers ; après cette heure, la tenue ordonnée pour le jour est de rigueur, et avant 10 heures, aucun homme ne peut sortir en tenue du jour sans une permission du commandant de la compagnie ; tout homme rentrant au quartier sans être en tenue après l'heure fixée, doit être signalé au capitaine de police par les sous-officiers de planton, ainsi qu'à l'adjudant ; *Tenue du matin.*

7° Les hommes commandés de corvée, pour les distributions de bois, fourrages et autres, ainsi que pour se rendre au magasin du corps, pour l'armement ou l'habillement, seront en veste et bonnet de police. *Tenue des hommes allant en corvée ou au magasin du corps.*

8° Tout homme appelé à déposer devant un conseil de guerre, ou en justice, sera toujours en frac, épée ou sabre, pantalon bleu en hiver et pantalon blanc en été, chapeau et gants de tenue ; *Tenue pour se présenter devant le conseil de guerre ou en justice.*

9° Pour la prestation de serment, MM. les officiers, sous-officiers, brigadiers et gardes seront en grande tenue, ainsi que les officiers et sous-officiers, commandés pour conduire les détachements. *Tenue pour la prestation de serment.*

CHAPITRE V.

RAPPORTS DIVERS ET DE SERVICE.

ART. 43.

Tous les jours il y a rapport à l'état-major dans l'ordre suivant (à 9 heures du matin) : *Rapport chez le colonel.*

Le lundi, mercredi et vendredi, pour l'infanterie.

Le mardi, jeudi et samedi, pour la cavalerie.

Le lieutenant-colonel de semaine assiste tous les jours au rapport, excepté le dimanche ; les chefs d'escadron et adjudants-majors de semaine s'y rendent tous les jours où il y a rapport pour leur arme.

Le nom de MM. les officiers supérieurs entrant en semaine est dicté et inscrit tous les samedis sur le carnet des adjudants, par les fourriers de semaine, afin que MM. les capitaines de police et officiers de semaine puissent en prendre connaissance.

L'artiste vétérinaire en premier assiste au rapport les jours où il a lieu pour la cavalerie.

Le tambour et trompette majors alternent par semaine pour se trouver au rapport. Celui de semaine y assiste tous les jours.

A 9 heures, l'adjudant major de semaine fait l'appel par compagnie ou escadron des sous-officiers rassemblés dans la salle du rapport. Le lieutenant-colonel et le chef d'escadron de semaine prennent immédiatement connaissance du rapport général ; qu'ils font lire à haute voix par l'adjudant-major de semaine, et le soumettent ensuite au colonel avec leurs observations.

L'adjudant major chargé de la direction du service remet, à 8 heures et demie du matin, au colonel le portefeuille contenant les rapports particuliers du service ; l'adjudant-major de semaine inscrit sur le carnet des décisions toutes celles que lui dicte le colonel. Le rapport terminé, il dicte lui-même ces décisions aux maréchaux des logis chefs et adjudants.

Les dimanches, le capitaine adjudant-major chargé du service soumet le rapport des deux armes au colonel. Les adjudants seuls s'y trouvent en tenue du matin. Dans la semaine ils restent au quartier pour assembler la garde ; dans ce dernier cas ils sont remplacés au rapport par le maréchal des logis chef de petite semaine d'adjudant, ou à son défaut par le plus ancien de la caserne.

ART. 44.

Rapport de ronde.

Les rapports de ronde de toute espèce sont faits sur des modèles imprimés adoptés pour chaque genre de service. Ils sont établis conformément aux instructions prescrites pour chaque genre de ronde, et sont déposés au poste de la police le matin avant le départ des plantons pour l'état-major.

ART. 45.

Rapport des détachements.

MM. les capitaines commandant des détachements inscrivent sur leurs rapports le nom des officiers et la force numérique des détachements sous leurs ordres et tous les événements survenus. Les lieutenants inscrivent en outre sur les leurs, et au dos, le nom des sous-officiers et gardes qu'ils commandent et l'emplacement que chaque homme occupait.

Lorsqu'un détachement est composé de plusieurs lieutenants, le plus ancien fait le rapport. Si des officiers ou sous-officiers sont détachés du commandement de leur chef pour un service particulier, ils doivent, à leur rentrée, lui remettre un rapport qu'il joint au sien.

Les rapports des détachements doivent être adressés, aussitôt la rentrée au quartier, au chef immédiat sous les ordres duquel on s'est trouvé placé.

ART. 46.

Rapport pour événement grave.

Pour tout événement grave un rapport doit être adressé immédiatement au colonel par le capitaine de police ou par les chefs de détachements ou de postes.

En principe, et afin de ne point surcharger de courses inutiles les hommes de piquet, MM. les officiers doivent profiter, à moins de cas urgent, pour l'envoi de lettres et pièces à l'état-major, de la voie des sous-officiers qui viennent le matin au rapport, ou de celle des fourriers de semaine à une heure.

ART. 47.

Les rapports des capitaines de police doivent contenir l'historique de ce qui s'est passé dans les casernes pendant les 24 heures. Ils indiquent les noms des officiers de piquet, du sous-officier de garde à la police et de celui de piquet, les distributions de toutes sortes, leur visite aux salles de police, cuisine et pension des sous-officiers, les exercices et théories qui ont eu lieu, la sortie et la rentrée de tout détachement éventuel, c'est-à-dire de tout détachement en dehors du service journalier commandé par l'état-major; ils en indiquent la force numérique et le nom du chef qui le commandait, le numéro des ordres qui ont été lus et le nombre de fois, enfin tout ce qui a rapport au service.

Rapport des capitaines de police.

ART. 48.

MM. les docteurs déposent leur rapport de santé au poste de la police : ces rapports son apportés à l'état-major par le fourrier de semaine de chaque caserne, et remis à celui des Champs-Elysées qui est chargé de les porter chez le chirurgien-major. Le rapport général du chirurgien-major est pris tous les matins chez lui et apporté à l'état-major par le planton des Champs-Elysées.

Rapport des docteurs.

CHAPITRE VI.

LIEUTENANTS-COLONELS.

ART. 49.

MM. les lieutenants-colonels tiennent chacun un registre d'ordres du corps, le registre du personnel des officiers de leur arme, sur lequel ils inscrivent les notes et punitions; le double du tableau d'avancement et celui des hommes susceptibles d'être proposés pour l'avancement. Ils donnent à l'instruction une marche uniforme, surveillent l'exécution de tous les ordres donnés, visitent les casernes, examinent les ordinaires, s'assurent si les chambres et écuries sont propres et bien tenues, font rassembler les piquets lorsqu'ils le jugent à propos. Le lieutenant-colonel de cavalerie assiste de temps à autre à la distribution de fourrages, dirige les promenades des chevaux et en fait profiter pour fortifier l'instruction;

Devoirs généraux.

2° En l'absence du colonel, le plus ancien prend le commandement du corps;

3° Les lieutenants-colonels sont désignés pour le service de semaine, celui de détachement et de ronde des postes dans l'ordre suivant;

4° Lorsqu'un lieutenant-colonel est absent, il est remplacé par le plus ancien chef d'escadron de son arme. Son service de semaine est fait alternativement par les deux chefs d'escadron de semaine, qui adresseront directement leurs rapports au colonel.

Cas d'absence.

5° Un lieutenant-colonel pour les deux armes est commandé pour le service de semaine. (Voir l'article 43). Il visite alternativement les casernes où il juge

Service de semaine.

le plus à propos de se transporter. Le dimanche il adresse au colonel un rapport avec ses observations sur l'ensemble du service ; il y joint ceux de MM. les chefs d'escadrons et adjudants-majors de semaine après les avoir visés, lesquels ont dû lui parvenir le dimanche matin par la voie des adjudants à leur retour de l'état-major.

ART. 50.

Service de détachement.

MM. les lieutenants-colonels roulent entre eux, à tour de rôle, pour ce service. (Voir, pour les rapports, les articles 45 et 46).

ART. 51.

Service des rondes de postes.

MM. les lieutenants-colonels et chefs d'escadrons des deux armes roulent ensemble, à tour de rôle, pour ce service; ils sont commandés par le colonel et par lettre close ;

2° Deux officiers supérieurs sont commandés par semaine; ils visitent les postes compris dans la division qui leur est indiquée d'après le tableau des rondes. Ils s'assurent de la bonne tenue des officiers, sous-officiers et gardes de service ; du bon état des armes et des cartouches, de la promptitude des factionnaires à crier aux armes, et de celle des chefs de poste à les faire prendre ; de la propreté des postes ; qu'en hiver la température ne soit point trop élevée, et qu'en été les postes soient aérés. Ils adressent un rapport au colonel conformément à l'article 44;

3° Les postes de la maison d'arrêt de la garde nationale, de l'état-major de la garde nationale et les différents ministères ne sont visités que le jour.

Ordonnances pour panser les chevaux des officiers.

4° MM. les officiers supérieurs et autres sont autorisés à prendre dans les compagnies et escadrons une ordonnance pour panser leurs chevaux et entretenir leurs armes. Ces gardes doivent être à l'école de bataillon ou d'escadron ; ils ne sont dispensés d'aucun service, qu'ils ne peuvent payer à leur compagnie que d'après l'autorisation du colonel. Toute autre tenue que celle du corps leur est interdite;

5° En raison des éventualités qui obligent MM. les officiers supérieurs et capitaines à monter instantanément à cheval, leurs ordonnances sont commandées de préférence pour le service de la police. Elles sont autorisées à s'absenter au moment des pansages et peuvent se faire remplacer de piquet ordinaire et éventuel.

CHAPITRE VII.

CHEFS D'ESCADRON ET MAJOR.

ART. 52.

Devoirs généraux.

MM. les chefs d'escadron sont responsables de l'instruction théorique et pratique des officiers, sous-officiers et gardes de leur bataillon ou escadron ; ils surveillent la discipline, le service, la tenue, les casernes et les ordinaires ; dirigent l'instruction pratique des différentes écoles de soldat, de peloton, de bataillon ou d'escadron. Il passent, lorsque l'ordre en est donné, une revue de détail des effets et demandent les remplacements ou réparations nécessaires ; ils s'assurent dans leur revue que l'armement est en bon état ; ceux de semaine de la cavalerie assistent de temps à autre à la distribution de fourrages.

Ils sont commandés de semaine à tour de rôle, et de service de détachements et des rondes dans les postes ainsi qu'il est expliqué ci-après :

2° Un chef d'escadron par arme est commandé pour le service de semaine; ils assistent au rapport à l'état-major ainsi qu'il est prescrit à l'article 43. Ils se partagent les différentes casernes pour en faire la visite, celui de cavalerie va de préférence dans les casernes de cette arme; ils s'y rendent ordinairement les jours où ils n'assistent point au rapport et principalement à l'appel du matin, afin d'inspecter les compagnies et les hommes de service; ils font exercer la garde au maniement d'armes avant de la faire défiler. Ils visitent ensuite les chambres, cuisines, salles de police, écuries et infirmeries des chevaux; ils assistent de temps en temps au défilé des hommes de théâtre qu'ils inspectent s'ils le jugent à propos; ils font réunir les piquets, afin de s'assurer de la présence des officiers qui les commandent et de la promptitude à prendre les armes, enfin ils se conformeront à l'article 177 relatif au livre d'ordinaire. Service de semaine.

Le dimanche matin ils adressent au lieutenant-colonel de semaine, par la voie des adjudants, un rapport sur leur service de semaine, leurs observations sur le service et les irrégularités qu'ils ont remarquées ou rectifiées; ils y joignent celui de l'adjudant-major de semaine de leur arme après l'avoir visé, lequel a dû leur parvenir le samedi soir.

ART. 53.

MM. les chefs d'escadron des deux armes roulent entre eux à tour de rôle pour ce service; dans les grandes prises d'armes, un chef d'escadron de cavalerie est toujours commandé pour les détachements où les cavaliers se trouvent en plus grand nombre, et un autre d'infanterie pour le même objet (Voir l'article 45 relatif aux rapports); Service de détachement et ronde de postes.

2° Pour la ronde de postes, voir l'article 51.

ART. 54.

En l'absence d'un chef de bataillon ou d'escadron, soit pour cause de permission, maladie, etc., le premier est remplacé par le plus ancien capitaine de son bataillon y compris l'adjudant-major, et celui de cavalerie par le plus ancien capitaine de tous les escadrons. Toutefois lorsqu'un capitaine remplit les fonctions de chef d'escadron de semaine, il doit s'abstenir de visiter les casernes où il se trouverait un capitaine de police plus ancien que lui. Cas d'absence.

ART. 55.

1° Le major est membre et rapporteur du conseil d'administration, il en partage la responsabilité, il est spécialement chargé de surveiller et contrôler toutes les parties de l'administration et de la comptabilité du corps; il exerce à l'égard des commandants de compagnie et d'escadron, du capitaine d'habillement, de l'officier d'armement et du trésorier, les droits du conseil; il partage, dans les cas prévus par les règlements d'administration, la responsabilité des officiers comptables; les écoles et le casernement sont sous sa direction spéciale; il pourvoit à tous les besoins concernant ces deux services. Devoirs généraux. Major.

Il est chargé de la correspondance relative aux recrutements du corps et aux poursuites à exercer contre les déserteurs, enfin il se conforme aux dispositions des règlements du service intérieur des troupes à pied et à cheval, pour tout ce qui est du ressort de ses attributions;

2° Le major absent est remplacé par un capitaine commandant une compagnie ou un escadron, ou par un capitaine adjudant-major propre aux fonc- Cas d'absence.

tions de major, et désigné par le préfet de police sur la proposition du colonel; en aucun cas il ne peut être remplacé par le capitaine d'habillement ou par le trésorier.

CHAPITRE VIII.

CAPITAINES ET ADJUDANTS-MAJORS.

ART. 56.

Devoirs généraux.

Les capitaines doivent s'attacher à connaître le caractère et l'intelligence de leurs subordonnés, afin de les traiter en toutes circonstances avec une justice éclairée ; ils doivent leur rendre facile la pratique de leurs devoirs par leurs conseils et par une constante sollicitude pour leur bien-être ; ils sont responsables de l'instruction municipale et militaire, de la discipline et de la tenue de leurs hommes. La gestion de l'ordinaire, la masse individuelle et les soins à donner aux chevaux doivent être l'objet d'une attention de tous les instants; ils surveillent avec soin toutes les opérations de comptabilité et la tenue de tous les registres qu'ils vérifient et arrêtent tous les trimestres. Ils s'assurent que la solde est faite exactement aux hommes ; font passer tous les mois, par les lieutenants de peloton ou de section, une revue générale des effets, et en passent une eux-mêmes à la fin ou au commencement de chaque trimestre ; enfin ils se conforment aux prescriptions qui leur sont applicables dans la présente instruction.

Ils sont commandés de service de semaine, de détachement, de ronde des postes, de visite d'hôpital et de ronde des théâtres dans l'ordre qui suit :

Capitaine de police.

2° MM. les capitaines des deux armes alternent ensemble, par caserne, pour ce service , qui est réglé sur trois tours, c'est-à-dire que dans celle où il y a moins de trois capitaines, les fonctions de capitaine de police sont remplies par le plus ancien des lieutenants de semaine pendant un ou deux tours, selon qu'il n'y a que deux ou un capitaine présents dans la caserne;

3° Dans chaque caserne le capitaine de police est chargé et responsable de tous les détails du service. Il remplit en même temps les fonctions attribuées aux adjudants-majors de semaine (Voir les articles 13 et suivants relatifs à la parade). Il ne peut s'absenter sans en avoir obtenu l'autorisation du chef d'escadron de semaine de son arme , à moins que ce ne soit pour un service commandé. Dans tous les cas , il est remplacé par le plus ancien des officiers de semaine. Il se fait rendre compte par l'adjudant de tous les ordres donnés , de tous les services commandés, afin de pouvoir ordonner les dispositions nécessaires pour en assurer la complète exécution. A cet effet il se fait représenter le carnet des décisions avant et après le rapport , ainsi que les notes du service de toute espèce à fournir, et s'assure qu'aucune omission n'a été commise; s'il en était autrement, il en indiquerait les motifs, par écrit, au colonel. Enfin, il surveille la répartition du service qui doit être faite, tous les mois, par l'adjudant avec les maréchaux des logis chefs des compagnies et escadrons.

ART 57.

Il informe le colonel de la sortie de tout détachement.

Aussitôt la sortie d'un détachement pour un service éventuel , soit par réquisition de l'autorité , ou par son ordre. Il en donne immédiatement avis , par écrit, au colonel, en indiquant la force numérique des détachements, leur mission et le nom des chefs qui les commandent. Le capitaine de police passe l'inspection de tous les détachements commandés par des officiers, qui sortent de la caserne ; l'adjudant passe celle de ceux commandés par des sous-officiers et brigadiers ou gardes, et en rend compte au capitaine de police.

ART. 58.

Lorsqu'un capitaine de police reçoit l'ordre de mettre à exécution l'un des services ci-après indiqués, il se conforme aux instructions et consignes relatives à ces services, qui sont déposées aux archives de l'adjudant, savoir : Cas de service extraordinaire.

1° Patrouilles extraordinaires dans le centre de Paris en cas de trouble ;

2° Service et défense des casernes en cas d'émeute ;

3° Surveillance des baigneurs sur la Seine et le canal Saint-Martin ;

4° Surveillance des boulevards du Nord.

ART. 59.

Tout capitaine de police doit faire commander, sans attendre d'ordres supérieurs, les services ci-après, désignés conformément aux consignes également déposées aux archives de l'adjudant, savoir : Service que doit faire commander le capitaine de police.

1° Le service des patrouilles pour le cas de brouillards épais et de débâcle des glaces ;

2° Les patrouilles de surveillance aux barrières, des dimanches, lundis et jours de fêtes, qu'il décommande en cas de pluie ;

3° Les patrouilles ordinaires de la caserne avec leur circonscription.

ART. 60.

MM. les capitaines de police commandent chaque jour, dans les casernes où il y a au moins deux compagnies, un des officiers de semaine à tour de rôle pour être de piquet supplémentaire ; celui-ci doit être de l'infanterie si c'est un lieutenant de cavalerie qui est de piquet, et *vice versâ*. Ils ne peuvent autoriser aucun changement de tour de service entre les officiers, lorsqu'ils sont commandés nominativement par l'état-major. Ils peuvent accorder le remplacement momentané de l'officier de piquet ou de piquet supplémentaire, et ils veillent à ce qu'ils ne s'absentent point sans s'être conformés à ce qui leur est prescrit, articles 73 et 74.

ART. 61.

MM. les capitaines de police ne visitent que les chambres de leur compagnie ou escadron, voir les articles 183, 184 et suivants relatifs à la pension des sous-officiers et aux cantines, les articles 160 et suivants relatifs aux distributions ; le 3e paragraphe de l'article 91 concernant les docteurs.

ART. 62.

Voir l'article 47 relatif au rapport journalier du capitaine de police. Rapport du capitaine de police.

ART. 63.

MM. les capitaines des deux armes roulent entre eux à tour de rôle pour ce service, excepté les adjudants-majors. (Voir les articles 45 et 46 concernant les rapports.) Service de détachement.

ART. 64.

MM. les capitaines et adjudants-majors des deux armes roulent entre eux pour ce service, à l'exception de l'adjudant-major chargé du détail du service. Service de ronde des postes

Il est commandé un capitaine par jour pour la ronde des postes; il visite la division qui lui est désignée d'après le tableau affiché dans les bureaux des compagnies et escadrons; il se conforme à ce qui est prescrit pour MM. les officiers supérieurs, article 51.

Les adjudants-majors portent spécialement leur attention sur l'instruction des chefs de poste, la bonne administration du chauffage, des consignes, mobiliers et petits effets appartenant au corps, sur les modifications à faire dans le service des postes. Ils se font accompagner par le brigadier de pose pour faire répéter aux factionnaires leurs consignes, afin de s'assurer qu'elles sont bien données et comprises. (Voir l'article 44 relatif au rapport de ronde.)

ART. 65.

Service de ronde d'hôpital.

Le service de ronde d'hôpital roule comme il est prescrit article 64. Il est commandé, tous les quatre jours, un capitaine pour visiter les hôpitaux où se trouvent des militaires du corps; il s'assure de la bonne qualité des aliments qu'il vérifie à la cuisine, il examine la viande déposée à la boucherie, se transporte ensuite à la panneterie où il vérifie le poids des rations et la qualité du pain et du vin; il visite les salles occupées par les militaires du corps et constate le bon état de la literie. Il mentionne sur son rapport l'heure de son arrivée et sortie de l'hôpital, ainsi que toutes les observations qu'il croit devoir faire dans l'intérêt des hommes, ou qui lui sont faites par l'administration. Il y fait donner suite immédiatement par le directeur s'il y a possibilité, et en cas de refus il en prévient le colonel, et consigne les réclamations sur le registre de l'hôpital, à ce destiné. Enfin, il mentionne sur son rapport le nombre de malades et le nom de ceux en danger ou qui ont été l'objet de graves opérations.

ART. 66.

Service de ronde des théâtres.

MM. les capitaines et adjudants-majors des deux armes sont commandés à tour de rôle pour ce service. Il est désigné chaque jour un capitaine pour cette ronde. Il ne doit point se présenter avant 7 heures au premier établissement qu'il visite. Il constate la présence des hommes au poste, et fait constater l'heure de son passage; il fait mention dans son rapport de tout ce qu'il remarque de contraire au service, et des observations et plaintes qui peuvent lui être faites par les chefs d'établissement; il s'assure si les consignes sont bien observées, si les hommes sont dans une tenue régulière et s'ils se tiennent au poste qui leur est assigné.

ART. 67.

Service de semaine des adjudants-majors.

Il est commandé un adjudant-major par arme pour le service de semaine. Ces deux officiers se partagent les casernes où des lieutenants remplissent les fonctions de capitaine de police : celui de cavalerie se rend de préférence dans celles occupées par cette arme. Ils les visitent ordinairement les jours où ils ne sont point de rapport, et principalement à l'appel du matin, afin d'inspecter la garde, l'exercer au maniement d'armes et la faire défiler. Ils visitent ensuite les salles de police et cantines, ainsi que les cuisines; mais seulement pour ce qui a rapport à la police et à la propreté, ils s'assurent que les cantiniers n'excèdent point les crédits fixés par M. le colonel, et provoquent la fermeture de celles où on enfreint les ordres donnés. Ils vérifient si le registre de service des sous-officiers de semaine est bien tenu, ainsi que le carnet des décisions de l'adjudant; si le service de ce dernier est bien commandé conformément à la répartition arrêtée par le capitaine de police. En raison de la spécialité de leur service, les adjudants-majors de semaine peuvent se rendre indistinctement dans toutes les casernes occupées par le corps, pour y faire l'appel des piquets; dans ce cas, ils en font prévenir le capitaine de police, quel que soit son ancienneté de grade, par un des sous-officiers ou brigadiers du piquet. Ils assistent également de temps à autre à la réunion et au défilé des hommes de théâtre, qu'ils inspectent. Ils inspectent le poste de la police, s'assurent du bon état des consignes et du mobilier, ainsi que de la tenue exacte du registre des hommes punis, qui doit être visé tous les jours par l'adjudant.

Les adjudants-majors de cavalerie peuvent aussi visiter les casernes de cette arme où il y a un capitaine de police d'infanterie. Dans ce dernier cas ils se bornent à surveiller le pansage, les gardes d'écurie et le repas des chevaux.

Enfin, le samedi soir ils adressent au chef d'escadron de semaine de leur arme un rapport indiquant les jours et heures de leur visite dans les casernes, et leurs observations sur le service.

MM. les adjudants-majors de semaine sont chargés des enquêtes de leur arme; l'adjudant-major chargé du service excepté.

Chaque fois que le colonel monte à cheval, un des adjudants-majors de semaine, ou tous les deux si le colonel l'ordonne, se rendent à l'état-major pour l'accompagner.

Art. 68.

Service spécial des adjudants-majors.

Un des adjudants-majors est chargé, sous la direction du colonel, de commander et de veiller à l'exécution de tous les services;

2° Un deuxième est chargé de la surveillance spéciale de tous les théâtres, bals et concerts publics;

3° Un adjudant-major de cavalerie est chargé de la surveillance spéciale de tous les postes de cavalerie;

4° Un adjudant-major d'infanterie est chargé de la surveillance spéciale de tous les postes d'infanterie.

Art. 69.

Ordonnance des capitaines d'infanterie.

1° Lorsque MM. les capitaines d'infanterie sont commandés pour un grand service, ils désignent un des cavaliers placés sous leurs ordres, pour leur servir d'ordonnance, si ces cavaliers sont fournis par l'escadron de leur caserne; dans le cas où ils n'auraient point de cavaliers sous leurs ordres, ou s'il n'en existe point dans leur caserne, l'adjudant-major chargé de la direction du service y pourvoira;

2° Pour leur servir de ronde, MM. les capitaines d'infanterie prennent leur ordonnance dans la caserne s'il existe des cavaliers; dans le cas contraire, ils la font commander au poste de la préfecture de police par le fourrier de semaine. Lorsqu'une caserne d'infanterie est à proximité de celles où il existe des cavaliers, les capitaines prennent leur ordonnance alternativement dans l'une ou dans l'autre, en raison du nombre d'escadrons qui existent dans chaque caserne.

ART. 70.

Les rondes doivent être faites à cheval.

MM. les officiers montés ne doivent faire le service de ronde qu'à cheval. En cas d'empêchement, ils en indiquent le motif sur leur rapport. Ils doivent avoir le harnachement d'ordonnance et être escortés par un cavalier marchant à dix pas derrière eux. L'heure fixée par l'état-major pour les rondes est celle du départ de la caserne.

CHAPITRE IX.

LIEUTENANTS.

Devoirs généraux.

Les lieutenants maintiennent un ordre invariable dans leur peloton ou section, ils y excitent l'émulation; dirigent et surveillent les maréchaux des logis et brigadiers sous leurs ordres; ils s'assurent fréquemment que tous les effets en général de leurs hommes sont tenus avec le plus grand soin, et en passent une revue tous les mois, ainsi que de l'armement. Ils tiennent la main à ce que les nouveaux admis soient instruits par les sous-officiers et brigadiers sur tout ce qui concerne les détails du service et de l'instruction municipale et militaire, et les interrogent souvent pour s'assurer de leurs progrès. Ils sont chargés, chacun à tour de rôle, de l'instruction théorique des sous-officiers, brigadiers et gardes candidats. Le plus ancien, dans chaque compagnie et escadron, a la surveillance de l'ordinaire et remplace le capitaine en cas d'absence. Ceux de semaine assistent à toutes les réunions de service de vingt hommes et au delà. Ils surveillent les maréchaux des logis et brigadiers de semaine dans l'accomplissement de tous leurs devoirs, et se font rendre compte de tout ce qui se passe dans leur compagnie ou escadron. Ceux de cavalerie s'assurent que les nouveaux admis sont envoyés dans les postes occupés par le corps pour apprendre à les connaître; ils sont porteurs d'une feuille itinéraire que les chefs de poste doivent signer. Enfin, tous les lieutenants sont commandés, pour les différents services qui les concernent, ainsi qu'il est indiqué au présent chapitre, et se conforment aux devoirs qui leur sont imposés par la présente Instruction.

ART. 71.

Tours de service.

Il y a neuf tours de service qui sont commandés dans l'ordre suivant : 1° la garde; 2° détachement; 3° piquet; 4° ronde des postes; (5° visite d'hôpital, pour les capitaines seulement); 6° ronde des théâtres; 7° théâtres royaux; 8° bals publics; 9° surveillance des barrières.

Lieutenant de semaine.

2° Il y a dans chaque compagnie ou escadron un lieutenant de semaine. Ce service est réglé sur trois tours, c'est-à-dire que quand il n'y a que deux officiers présents, la troisième semaine est faite par le maréchal des logis chef, mais en ce qui concerne les attributions du service intérieur seulement.

L'officier de semaine commandé de garde, de ronde ou d'un service qui l'empêche de se trouver aux appels, pansages et promenade des chevaux, est remplacé par le lieutenant qui doit prendre la semaine après lui, ou par le maréchal des logis chef, s'il y a moins de trois officiers, lorsque son tour l'y appelle.

MM. les officiers de semaine se conforment au règlement sur le service intérieur des troupes, pour tout ce qui n'est pas contraire au service spécial du corps ; ils visent chaque jour, après la parade, le livre de service du maréchal des logis de semaine, et veillent à ce que tous les services en général et ordres donnés au rapport y soient inscrits. Ils se conforment aux articles 8 concernant la visite, 13 et suivants relatifs à l'appel de la parade, et 74 réglant les cas de sortie.

3° Tout changement de tour de service est interdit aux officiers de semaine avec ceux qui n'en sont point. Voir l'article 125, 5e paragraphe. Pour l'autorisation.

ART. 72.

Lieutenants de garde.

MM. les lieutenants des deux armes roulent ensemble à tour de rôle pour ce service. Ils sont commandés de préférence pour les postes fournis par leur caserne. Ils défilent à la tête de leur garde lorsqu'elle est de la caserne, et la conduisent au poste. Dans le cas contraire, après la parade ils se rendent au lieu de station indiqué à proximité de leur poste, où ils en prennent le commandement.

MM. les lieutenants de garde se conforment à ce qui leur est prescrit par les consignes générales et particulières ainsi que par l'Instruction municipale relative à ce service, qui est déposée au poste.

ART. 73.

Lieutenants de piquet.

1° MM. les lieutenants des deux armes roulent ensemble, par caserne et à tour de rôle, pour le piquet sans avoir égard au service de semaine, à l'exception des petites casernes où les lieutenants de semaine sont constamment de piquet. Dans celles où il y a au moins trois compagnies, il est commandé tous les jours, par le capitaine adjudant-major chargé du service, un lieutenant de piquet. Cet officier se conforme à ce qui lui est prescrit par l'article 12. Il assiste à la parade et défile à la tête du piquet, il est relevé le lendemain à la parade;

2° Il doit toujours être présent et prendre le commandement du piquet chaque fois qu'il se rassemble par ordre d'un officier supérieur, du capitaine de police ou de l'adjudant-major de semaine;

3° Il est constamment dans la tenue prescrite article 37. Il ne peut s'absenter de la caserne que pour aller prendre ses repas à proximité, en indiquant au sous-officier de garde à la police le lieu où on pourrait le trouver;

4° Celui logé en ville se tient constamment chez lui ou à la caserne, et toujours prêt à marcher. Il n'est commandé d'aucun autre service, excepté celui de semaine;

5° Le lieutenant de piquet ne peut accorder aucun changement de tour de piquet entre ses hommes, ces permissions devant être accordées par le lieutenant de semaine de la compagnie dont l'homme fait partie. Seulement il peut accorder, à ceux qui le demandent pendant le courant de la journée, leur remplacement momentané; mais dans aucun cas ce remplacement n'est accordé pour le temps où l'homme doit faire patrouille.

ART. 74.

Lieutenants de piquet supplémentaire.

Dans toutes les casernes, à l'exception de celles où il n'y a qu'une compagnie, il est commandé un officier de piquet supplémentaire conformément à l'article 60. Cet officier ne doit point sortir de chez lui ou de la caserne; il doit toujours êter prêt à marcher; au moyen de cette disposition les autres officiers de semaine peuvent s'absenter pendant l'intervalle des appels, en indiquant toutefois au maréchal des logis de semaine le lieu où on pourrait les trouver au besoin. L'officier de piquet supplémentaire n'est point remplacé pour un service de ronde de postes ou de théâtres.

ART. 75.

Service de détachement.

MM. les lieutenants de piquet, de piquet supplémentaire et officiers de semaine, sont commandés pour marcher avec les détachements pendant les 24 heures de leur service, dans l'ordre suivant :

1° Pour les services imprévus, le 1er détachement sortant de la caserne est commandé par le lieutenant de piquet; le 2e par l'officier de piquet supplémentaire; le 3e par le lieutenant de piquet, et ainsi de suite. Cependant s'il arrivait que ces deux officiers ne fussent point rentrés de leur service, et que de nouveaux détachements dussent sortir, le capitaine de police désignerait des officiers de semaine pour en prendre le commandement, et à défaut de ceux-ci, des officiers qui n'en sont point, en suivant l'ordre numérique des compagnies. Enfin, à défaut d'officiers, le commandement des détachements pourrait être confié à des adjudants ou maréchaux des logis chefs ;

2° Pour tout service prévu, le lieutenant de piquet marche avec le premier détachement sortant; les autres détachements sont commandés par des officiers désignés par le capitaine adjudant-major chargé de la direction du service, d'après le contrôle de piquet établi pour la caserne.

ART. 76.

Remplacement des officiers de piquet.

Lorsque les deux officiers de piquet sont sortis à la tête d'un détachement, le capitaine de police les fait remplacer par des officiers de semaine, et à défaut par ceux qui n'en sont point. Dans les casernes où il n'y a qu'une compagnie, l'officier de piquet sortant est remplacé par le maréchal des logis chef; mais si un second détachement doit sortir, il est commandé par un autre officier de la caserne que le capitaine de police fera prévenir au départ du lieutenant de piquet.

ART. 77.

1° Dans les casernes composées de moins de deux compagnies, le lieutenant de piquet, pour tout service imprévu, marche avec le premier détachement sortant de la caserne; si un second détachement sortait le même jour, il serait commandé par un autre officier de la compagnie désigné à tour de rôle par le capitaine de police. Pour tout service prévu il marche avec le premier détachement sortant de la caserne; mais il ne marchera une seconde fois pendant sa semaine qu'après que tous les autres officiers de la compagnie auront été désignés, par le capitaine adjudant-major chargé de la direction du service, pour marcher à tour de rôle après lui.

2° Dans les casernes composées d'infanterie et de cavalerie, lorsque le lieutenant de piquet est de l'arme de l'infanterie, le lieutenant de semaine de cavalerie marche, pour tout service imprévu, avec le premier détachement sortant de la caserne; mais si le même jour, ou le lendemain seulement, un second détachement devait sortir, il serait commandé par un autre officier de l'escadron, désigné par le capitaine de police.

ART. 78.

Les officiers marchent avec les détachements de leur arme.

MM. les officiers marchent constamment avec les détachements de leur arme ; toutefois, ceux se rendant aux incendies, bains, prestation de serment, ou tous autres détachements composés d'hommes à pied des deux armes, peuvent être commandés par des officiers de cavalerie ou d'infanterie, suivant leur tour. Dans tous les cas, un tour de piquet est compté à tout officier sortant d'une caserne à la tête d'un détachement, lorsqu'il n'est pas de piquet du jour. Il n'est point compté de piquet aux officiers commandés pour les revues ou exercices des deux armes. Les capitaines des compagnies et escadrons désignent eux-mêmes ces officiers.

ART. 79.

Grands services des détachements.

Afin de répartir le plus également possible le service de détachement prévu, en raison du nombre d'officiers présents dans chaque caserne, le capitaine adjudant-major commande de préférence, et autant que le comporte la nature du service, des officiers dans les casernes où il s'en trouve un plus grand nombre que dans les autres.

2° Dans les grands services, MM. les lieutenants donnent connaissance de leur consigne à leurs sous-officiers, leur partagent la ligne de leur parcours, les chargent de placer les hommes aux endroits indiqués et de les surveiller. Ils font ensuite une tournée pour vérifier si tous les hommes sont à leur poste, et si les consignes sont bien données et bien comprises ; ils surveillent tout l'ensemble de leur service.

3° Ils se tiennent habituellement au lieu indiqué pour leur station, afin de se présenter aux officiers supérieurs et capitaines sous les ordres desquels ils sont placés, lors de leur passage, et pouvoir leur rendre compte.

4° Aux heures indiquées sur leur service, ils font exécuter les consignes avec fermeté et politesse. Si cependant quelques modifications doivent être apportées aux consignes, elles sont indiquées par les commissaires de police ou officiers de paix présents sur les lieux, qui en prennent toute la responsabilité. En tout cas MM. les officiers de service, tout en apportant à l'égard de ces fonctionnaires la conciliation et le liant que leur caractère comporte, ne doivent pas souffrir qu'ils exercent aucun commandement sur la troupe ; ils doivent, à moins de cas très-urgents, se concerter avec l'officier commandant pour toute modification à apporter dans l'intérêt du service.

5° Le service terminé, MM. les lieutenants ne doivent quitter les lieux confiés à leur surveillance que d'après les ordres du capitaine qui les commande ou des officiers supérieurs ; ils doivent reconduire leur détachement s'il est de la même caserne qu'eux ; dans le cas contraire ils en remettent le commandement au sous-officier le plus ancien, et à leur rentrée ils déposent la consigne de leur service entre les mains de l'adjudant, et se conforment pour leur rapport à l'article 45 de la présente Instruction.

ART. 80.

Service de ronde des postes.

MM. les officiers commandés de ronde des postes, visitent les divisions qui leur sont désignées d'après le tableau des rondes affiché dans chaque compagnie et escadron. Ils vérifient l'effectif des hommes portés sur les feuilles de rapport qu'ils signent. Ils veillent à la propreté du poste, à la tenue des hommes, au bon état des armes, du mobilier et des consignes. Ils adressent des questions aux sous-officiers et brigadiers sur le service des places et l'itinéraire des patrouilles qui doivent être faites, et signalent nominativement ceux dont l'instruction laisse à désirer. Ils vérifient le livret du bois de chauffage, s'assurent que celui mis en réserve existe réellement et en indiquent le montant. En hiver ils indiquent le nombre de degrés de chaleur que marque le thermomètre du poste. Ils interrogent les factionnaires en se faisant accompagner du brigadier de pose afin de s'assurer que les consignes sont bien données et bien comprises, et qu'il n'en est donné d'autres que celles affichées. Enfin ils rendent compte de tout sur le rapport établi conformément à l'article 44.

Lorsque le poste du Cour-la-Reine est compris dans l'itinéraire de ronde, MM. les officiers des deux armes prennent connaissance à ce poste de la consigne relative à la surveillance des Champs-Elysées, afin de surveiller ce service (Cavalerie et infanterie).

ART. 81.

Service de ronde des théâtres.

MM. les lieutenants commandés de ronde de théâtres visitent les séries qui leur sont désignées d'après le tableau affiché pour ce genre de service dans chaque compagnie. Ils ne doivent point se présenter avant sept heures au premier établissement qu'ils visitent, et l'été avant huit heures dans les bals. Ils se conforment à ce qui est prescrit à l'article 66, signent les rapports des chefs de poste en indiquant l'heure de leur passage, et adressent au colonel un rapport conformément à l'article 44.

MM. les lieutenants d'infanterie sont autorisés à se faire escorter pour leur ronde de théâtres par un homme à pied, pris dans le piquet. Ceux de cavalerie, pour toute espèce de ronde, se conforment à l'article 70.

ART. 82.

Service des théâtres royaux et bals publics.

MM. les officiers commandés de service aux théâtres royaux doivent se trouver à leur poste une demi-heure avant l'ouverture des bureaux, et ne le quitter qu'après l'entier écoulement du public et des voitures. Ils se font rendre compte immédiatement, par les sous-officiers et brigadiers de service, de tous les événements ou discussions qui surviennent entre le public et les gardes de service, afin de pouvoir les trancher de suite avec toute la convenance désirable. Ils veillent à l'exécution ponctuelle de la consigne des théâtres.

ART. 83.

Enfin, ils se conforment pour ce service, ainsi que pour celui des bals de nuit, aux prescriptions des 1re et 2e sections du chapitre 5 de l'Instruction municipale sur ce genre de service, et rendent compte sur leur rapport de tous les événements ou discussions quelconques qui sont survenus.

ART. 84.

Service de ronde des barrières.

MM. les officiers commandés de ronde des barrières, visitent la circonscription affectée à leur caserne. Ce service est fait par les lieutenants de piquet. Ces officiers ne sont point tenus de visiter les établissements fréquentés par les militaires du corps, ils se bornent à les faire visiter par les sous-officiers commandés pour leur circonscription et s'assurent qu'ils ne s'y arrêtent pas sans nécessité, enfin ils veillent à ce qu'ils se conforment entièrement aux devoirs qui leur sont imposés par l'article 112 relatif à ce service. Les officiers rendent compte sur leur rapport des barrières qu'ils ont parcourues. Ils signalent les militaires du corps qu'ils ont rencontrés dans une mauvaise tenue. Ils font arrêter et conduire à la caserne ceux qui seraient pris de vin ou sur le compte desquels des plaintes graves et fondées leur seraient faites. Ils partent de la caserne à 6 heures 1/2 du soir et y rentrent aussitôt leur ronde terminée.

ART. 85.

Lorsqu'un logement devient vacant, le choix appartient à l'officier le plus ancien de grade de la caserne, et ainsi de suite. Lorsqu'un officier arrive ou qu'il passe d'une caserne dans une autre, il prend le logement qui est vacant ou l'indemnité, qu'elle que soit son ancienneté de grade. Logements des lieutenants.

ART. 86.

Tout lieutenant commandant une caserne est chargé des mêmes attributions que les capitaines de police relativement à la surveillance à exercer sur le service en général, la tenue et propreté des chambres. Il remplit à l'égard des hommes de sa compagnie détachés avec lui, tous les devoirs d'officier de section. Il administre l'ordinaire du détachement et veille à la bonne qualité des aliments. Il veille aux distributions de toute nature faites à sa caserne, et dans le cas de réclamations fondées, il les transmet immédiatement au major. Il reste entièrement étranger à l'administration des hommes détachés sous ses ordres qui ne font point partie de sa compagnie. Les permissions de minuit sont accordées par lui, pour celle de 24 heures et au-dessus il se conforme au chapitre XXV, articles 206 et suivants. Il prévient les compagnies ou escadrons des permissions accordées qui font mutation. Il fait commander tous les détachements qui lui sont indiqués d'après une note signée du commandant de la compagnie ou de l'escadron. Attributions d'un lieutenant commandant une caserne.

ART. 87.

MM. les commandants de compagnie ou d'escadron qui ont des hommes détachés, doivent exiger que les officiers de section ou de peloton dont ces hommes font partie passent, aux époques déterminées, des revues d'habillement, d'armement et d'équipement. La théorie pratique du paquetage est faite aux cavaliers par un officier de l'escadron qui vérifie chaque fois le ferrage des chevaux. Hommes détachés dans d'autres casernes.

ART. 88.

Dans aucun cas les hommes ne doivent être réunis en détachements pour aller passer des revues dans leur compagnie ou pour tout autre motif, sans une autorisation spéciale du colonel. Il est bien entendu que lorsqu'un ou quelques hommes sont appelés par le commandant de leur compagnie, ils doivent se rendre à son invitation ; mais si ces hommes doivent manquer à un appel, ou être dans une tenue différente de celle ordonnée, le commandant de la compagnie ou de l'escadron doit en donner avis par écrit au lieutenant commandant la caserne.

ART. 89.

MM. les officiers qui arrivent au corps, ainsi que les sous-officiers promus au grade d'officier, sont dans l'obligation de faire visite à tous les officiers supérieurs, au capitaine adjudant-major et aux autres officiers de leur bataillon ou escadron. Aussitôt qu'ils sont habillés et en mesure de faire leur service, Officiers admis au corps ou s.-officiers promus au grade d'officier.

4

ils en préviennent immédiatement le capitaine adjudant-major chargé du service.

ART. 90.

Instruction équestre des officiers d'infanterie.

D'après les instructions de M. le ministre de la guerre, MM. les officiers d'infanterie doivent prendre des leçons d'équitation jusqu'à ce qu'ils soient susceptibles de suivre l'instruction militaire à cheval; ils sont alors attachés aux pelotons d'instruction de la cavalerie, et soumis à un examen de la part de MM. les chefs d'escadron lorsqu'ils se croient suffisamment instruits.

Des ordres sont donnés lorsque les leçons de manège doivent avoir lieu; le colonel engage MM. les lieutenants d'infanterie à se bien pénétrer de la nécessité qu'il y a pour eux d'apprendre à monter à cheval et de s'occuper de pousser leur instruction théorique et pratique sur cette partie.

CHAPITRE X.

CHIRURGIEN-MAJOR. — AIDES-MAJORS.

ART. 91.

Principes généraux.

Lorsque le corps est réuni en entier MM. les chirurgiens assistent à la réunion. Lorsque ces réunions sont partielles ou qu'elles ont lieu par caserne, soit pour exercices, grands services, etc., MM. les chirurgiens sont commandés nominativement

MM. les docteurs du corps donnent leurs soins à tous les militaires, ainsi qu'à leurs femmes et enfants lorsqu'ils les réclament.

ART. 92.

Service de santé.

Le service de santé est réparti de la manière suivante pour les différentes casernes :

Un aide-major pour les Minimes, Tournelles et Célestins.
Un id. pour Saint-Martin et les Petits-Pères.
Un id. pour Tournon et les Champs-Elysées.
Un id. pour Mouffetard, Grès et Barrière;

2° Chaque dimanche un aide-major est commandé, à tour de rôle, pour répondre du service de santé. Pendant les autres jours les heures auxquelles on peut les trouver sont désignées sur un tableau affiché au poste de la police. Ces messieurs ne peuvent s'absenter de chez eux, lorsqu'ils répondent du service de santé, que lorsqu'ils sont appelés pour le service du corps, à moins d'un ordre de M. le préfet de police ou du colonel. Lorsqu'un aide-major est absent ou malade, son service est réparti sur ses collègues par les soins du chirurgien-major, qui adresse une nouvelle répartition à M. le capitaine adjudant-major chargé de la direction du service. Toutefois il ne doit jamais y avoir plus d'un aide-major en permission, à moins de motifs très-urgents;

Cas de maladie subite.

3° Lorsqu'un homme est malade de manière à nécessiter les soins immédiats d'un docteur, le capitaine de police fait prévenir l'aide-major de la caserne et, en cas d'absence de celui-ci, il fait appeler celui qui répond du service de santé en lui indiquant le nom de la caserne, celui du malade, le numéro de la compagnie, de l'escalier et de la chambrée. Enfin, en cas d'absence des docteurs, ou dans un moment extrêmement pressant et qui n'exigerait aucun retard, le capitaine de police est autorisé à requérir le médecin civil le plus à proximité de la caserne;

4° A l'arrivée de l'aide-major, si le cas est très-grave, il fait prévenir immédiatement par ordonnance le chirurgien-major, et prodigue ses soins au malade en attendant son arrivée.

ART. 93.

Service du chirurgien-major.

Le chirurgien-major est chargé de la direction et de la surveillance générale du service de santé; il adresse chaque jour au colonel un rapport général auquel sont joints ceux de MM. les aides-majors; il visite MM. les officiers qui sont portés malades et donne ses soins à ceux qui les réclament pour eux ou pour leurs femmes et enfants. Il visite également deux fois par semaine les hommes aux hôpitaux, assiste à toutes les opérations majeures, propose pour la retraite, la réforme ou les vétérans les militaires qu'il reconnaît impropres au service actif de l'arme, délivre des certificats de visite aux hommes proposés pour des congés de convalescence ou les eaux thermales, visite les établissements où les hommes vont prendre des bains dans la saison où ils sont ordonnés afin de s'assurer qu'ils sont convenables, provoque la cessation ou la reprise de ces bains d'après l'état de la température, veille au remplacement et à l'entretien des objets composant les boîtes de secours du corps, dresse des certificats circonstanciés de visite pour les hommes blessés dans un service commandé par tel accident que ce soit, et en délivre également aux hommes nouvellement admis, qu'il visite tous les jours à 7 heures du matin, en été, à la caserne Tournon, et à 8 heures en hiver;

2° Le 1er de chaque mois, le chirurgien-major adresse à M. le général commandant la place un tableau synoptique du mouvement des malades, entrés, sortis ou morts dans les hôpitaux pendant le mois; accompagne cet officier général lors de ses visites trimestrielles au Val-de-Grâce, et lui présente les hommes proposés pour la réforme. Le premier lundi de chaque mois il réunit les aides-majors à midi au bureau du colonel pour l'entretenir des besoins du service de santé;

Visite générale de santé.

3° Tous les trois mois il ordonne aux aides-majors de passer une visite générale des hommes de leurs casernes et en adresse le résultat au colonel. Il assiste au rapport à 9 heures chez le colonel, le lundi, jeudi et samedi de chaque semaine, à moins qu'il n'en soit empêché par le service de santé. Enfin, il assiste à tous les exercices à feu et y fait apporter le sac d'ambulance.

ART. 94.

Service des aides-majors.

MM. les aides-majors font chaque jour, aux heures prescrites, la visite des casernes qui leur sont affectées. Ils constatent sur le rapport supplémentaire du chef du poste de la police, l'heure de leur arrivée à la caserne, sous la surveillance du capitaine de police; ils prennent au poste de la police le bulletin des hommes malades, sortant des hôpitaux on rentrant de permission de 8 jours et au-dessus, qu'ils doivent visiter, accordent des exemptions de service jusqu'à 4 jours inclusivement à ceux qu'ils jugent dans les cas de les obtenir, en indiquant s'ils les autorisent à sortir de la caserne pendant quelques heures de la journée, et rendent compte sur leur rapport de l'état de santé de tous ces militaires. Enfin, ils indiquent aux commandants de la compagnie toutes les précautions hygiéniques pour la santé du soldat, soit sur la qualité des aliments, sur les ustensiles servant à leur préparation, etc. : à cet effet ils visitent fréquemment les cuisines.

Lorsqu'un homme est blessé dans un service commandé par tel accident que ce soit, ils dressent un certificat de visite qu'ils adressent au chirurgien-major ;

2° MM. les aides-majors accompagnent aux bains de rivière les hommes de leurs casernes, signent les états qui leur sont remis, y consignent leurs observations et le nom des militaires qu'ils dispensent de prendre des bains pour cause de santé, et remettent ces états à l'officier commandant le détachement ;

3° Lorsqu'ils en reçoivent l'ordre, MM. les docteurs procèdent à une visite générale des hommes des casernes qu'ils desservent ; ils inscrivent leurs observations en regard du nom de chaque militaire, sur un état qui leur est remis et qu'ils adressent à M. le chirurgien-major avec un rapport particulier, aussitôt la visite terminée. Enfin, ils se conforment à l'article 48 concernant leur rapport journalier.

ART. 95.

Place de bataille de MM. les officiers de santé.

Lors des revues, le chirurgien-major monte à cheval avec la cavalerie ; il se place pour le défilé derrière le dernier peloton de la colonne et salue avec le chapeau en passant devant le Roi. Dans les visites de corps, il se place après le capitaine d'habillement, ayant ses deux premiers aides derrière lui et les deux autres derrière le capitaine d'habillement. MM. les aides-majors se placent pour les revues chacun à leur bataillon et défilent derrière le dernier peloton ; ils se conforment pour le salut et les visites de corps à ce qui vient d'être expliqué pour le chirurgien-major.

CHAPITRE XI.

ADJUDANT SOUS-OFFICIER.

ART. 96.

Devoirs généraux.

1° L'adjudant seconde le capitaine de police dans tous les détails du service ; il est responsable de toutes les batteries pour les réunions. Il surveille particulièrement le sous-officier de garde à la police et celui de planton à la porte de la caserne ; 2° il veille à la propreté intérieure et extérieure du quartier, des salles de police, des cantines, la pension des sous-officiers est sous sa surveillance ; il est chargé de l'entretien du poste de la police en ce qui concerne le renouvellement des consignes et placards qui doivent y être affichés. En un mot, il rend compte au capitaine de police de toutes les irrégularités qu'il est à même de remarquer dans le service intérieur des casernes ; mais il ne se mêle en rien du service intérieur des compagnies ; il veille au départ et passe l'inspection de tout détachement commandé par des sous-officiers, brigadiers ou gardes, et en rend compte au capitaine de police ; 3° Pour les services des grandes fêtes, les adjudants commandent exactement le nombre d'hommes portés sur le détail qui leur est remis par l'adjudant-major chargé de la direction du service, brigadiers compris dans le rangs, les sous-officiers, tambours et trompettes sont commandés en dehors de ce nombre. Ils remettent par écrit aux chefs de détachements qui doivent rejoindre un officier, le nom de cet officier, et le lieu où ils doivent se rendre pour se placer sous son commandement ; après la rentrée de tous les détachements de leur caserne, ils réunissent les consignes des chefs de détachements, et les transmettent immédiatement à l'état-major, afin de ne pas retarder le service du lendemain, ils y joignent leur détail de service.

ART. 97.

Carnet de décisions.

Avant son départ pour le rapport et aussitôt son retour ou de celui qui l'y a remplacé, il soumet son carnet de décisions au visa du capitaine de police ; il en est de même à la rentrée du fourrier de semaine ; il fait battre ensuite aux maréchaux des logis chefs et leur dicte les décisions. S'il s'agit d'ordres, il les fait copier par les fourriers. Il communique immédiatement aux officiers supérieurs, adjudants-majors, capitaine d'habillement et docteurs faisant partie de sa caserne, tous les ordres et décisions donnés au rapport ou dans le cours des 24 heures.

ART. 98.

Les jours de rapport, l'adjudant est remplacé à l'état-major par le maréchal des logis chef de petite semaine ; celui-ci ainsi que le fourrier d'ordre sont toujours porteurs du carnet de l'adjudant sur lequel ils inscrivent les décisions et ordres pour le service. Le dimanche il se rend au rapport dans la tenue du matin.

ART 99.

L'adjudant ou le maréchal des logis chef qui le remplace, doit recevoir des maréchaux des logis chefs qui ne vont pas au rapport, les renseignements nécessaires pour éclairer le chef d'escadron de semaine sur les circonstances particulières qui ont déterminé les punitions.

ART. 100.

Répartition du service par l'adjudant.

Le 1er de chaque mois, l'adjudant règle, conjointement avec les maréchaux des logis chefs, la répartition du service des postes et théâtres, eu égard à l'effectif de chaque compagnie. Il fait connaître aux chefs d'établissements que c'est sa caserne qui fournit le service, et que c'est à lui qu'ils doivent s'adresser pour le contremander en cas de relâche. Il se conforme pour commander le service des postes aux articles 190, concernant les instructeurs, et 207 concernant l'absence des sous-officiers et brigadiers; il ne commande point indistinctement l'infanterie et la cavalerie pour le service des théâtres ; chaque poste est fourni par arme, et autant que possible par les hommes d'une même compagnie ou escadron. Il inscrit sur la feuille mensuelle de service, aussitôt qu'ils lui sont notifiés, tous les services supplémentaires et les ajoute à la note qu'il remet chaque jour au capitaine de police ; il commande également les fourriers des deux armes pour la semaine à tour de rôle, par rang de compagnie et par grade.

ART. 101.

Les jours de fêtes il envoie, dans les bals et théâtres qu'il doit fournir ces jours-là, le même nombre d'hommes que les dimanches, et veille en tout temps à ce qu'ils y soient rendus une heure avant l'ouverture des bureaux. Il paraphe sur les rapports les demandes de service des chefs d'établissements, fournit toutes les augmentations demandées ; mais ne fait aucune diminution sans ordre de l'état-major ; il s'assure des relâches afin de ne point envoyer le service, à cet effet il lit les affiches tous les jours ; il mentionne sur sa situation journalière, les établissements qui ont fait relâche ou contremandé leur service. Il ne fournit aucun bal de nuit sans ordre de l'état-major, ni aucun service qui ne serait point porté sur sa feuille à moins que ce ne soit par réquisition d'une autorité compétente. Lorsque le service d'un bal ou concert n'est composé que d'un brigadier et deux gardes, il se fait en sabre; mais pour tout service de théâtre, il est fait en armes.

ART. 102.

Registres des hommes punis.

L'adjudant veille à ce que le registre des hommes punis soit tenu correctement, il le vérifie et le paraphe tous les jours. Il indique sur sa situation le motif des punitions, veille à ce que les hommes à la salle de police soient rasés et changent de linge, que les salles de police soient nettoyées et lavées à fond deux fois par mois, enfin que la paille soit renouvelée chaque fois qu'il est nécessaire.

ART. 103.

Pensions des sous-officiers.

L'adjudant veille à ce que les sous-officiers se trouvent régulièrement aux repas. En cas de réclamation, il fait constater la qualité des aliments par le capitaine de police et s'ils sont trouvés de mauvaise qualité, ils sont remplacés immédiatement. La consigne relative à la pension des sous-officiers et celle pour la troupe doivent être affichées dans les cuisines par ses soins.

ART. 104.

Cas de sortie.

1° Les jours où il n'y a pas de service extraordinaire, les adjudants peuvent se faire remplacer après le rapport du matin par le maréchal des logis chef de petite semaine, et dans les casernes où il n'y a qu'une compagnie par le maréchal des logis de semaine. Ces sorties ne doivent excéder deux jours par semaine et un dimanche au plus par mois, et d'après l'autorisation du capitaine de police;

Rondes des postes.

2° L'adjudant de chaque caserne fait, dans les cinq premiers jours du premier mois de chaque trimestre, une ronde dans les postes de place et ministères, qui lui sont désignés par le capitaine adjudant-major chargé de la direction du service; il s'assure, dans cette ronde, du bon état des consignes, du mobilier, et des petits effets appartenant au corps; il signale au capitaine adjudant-major chargé du service tout ce qu'il trouverait en mauvais état, ou en provoquerait le remplacement;

Surveillance des patrouilles.

3° Les adjudants font trois rondes par mois pour surveiller les patrouilles de leur caserne et signaler celles qui ne se conforment point aux ordres donnés touchant leur service; ils rendent compte par écrit de cette surveillance au capitaine adjudant-major, chargé de la direction du service.

La première de ces rondes est faite du 1er au 10, la deuxième du 10 au 20 et la troisième du 20 au 30 à des jours indéterminés.

CHAPITRE XII.

MARÉCHAUX DES LOGIS CHEFS.

ART. 105.

Devoirs généraux.

Les maréchaux des logis chefs doivent pouvoir éclairer l'opinion des capitaines sur la conduite, les mœurs et la capacité des hommes, et n'agir envers eux qu'avec les ménagements ou la sévérité que comportent leur âge et leur caractère; ils surveillent les fourriers qui sont chargés, sous leur direction, de faire toutes les écritures et ils exigent qu'elles soient constamment tenues au courant ; ils sont chargés de recevoir la solde et de la payer aux hommes en présence de l'officier de semaine ; ils sont responsables envers leur capitaine de toutes réclamations ou erreurs à cet égard ainsi que de l'administration. Ils payent en présence de l'officier de semaine tout ce qui revient aux brigadiers chefs de l'ordinaire ; ceux de cavalerie sont également responsables des ustensiles d'écurie qui sont mis à leur disposition. Enfin les uns et les autres commandent le service qui leur est indiqué par l'adjudant et exécutent et font exécuter tout ce qui leur est prescrit par la présente Instruction.

Tableau des rondes.

Les maréchaux des logis chefs tiennent au courant les tableaux des séries et divisions de toutes les rondes de MM. les officiers, conformes à ceux tenus par le capitaine adjudant-major chargé du service, lequel leur indique toutes les modifications, augmentations ou suppressions qui peuvent survenir. Lorsqu'un officier est commandé de ronde quelle qu'elle soit, le maréchal des logis chef lui remet un bulletin indiquant le nom de tous les postes qu'il doit visiter ; ce sous-officier est responsable de toute erreur à ce sujet.

ART. 106.

Carnet du maréchal des logis chef.

Les maréchaux des logis chefs sont porteurs, pour se rendre à l'état-major, d'un carnet, d'après le modèle adopté, sur lequel les décisions et le service sont inscrits. Ces carnets sont présentés au visa du commandant de la compagnie par les maréchaux des logis chefs à leur retour du rapport et aux autres officiers par les maréchaux des logis de semaine. Ces officiers y apposent leur paraphe. Lorsque les maréchaux des logis chefs ne vont pas au rapport, ils se conforment à l'article 99. Lorsqu'ils y vont, ils sont autorisés, ainsi que les fourriers de semaine et ordonnances à pied, à se servir des manteaux de patrouilles lorsqu'il fait mauvais temps.

ART. 107.

Sous aucun prétexte, ils ne doivent commander de garde à la police des hommes que leur tour appelle à monter en ville, sauf les exceptions indiquées à l'art. 51, paragraphe 5. Lorsqu'un homme de service est indisposé ou absent au moment de la parade, ils commandent pour le remplacer le premier homme à marcher après le service commandé pour le lendemain. Ils informent immédiatement le tambour ou trompette-major de semaine lorsqu'il y a une mutation dans les tambours et trompettes n'importe de quelle nature. Ils informent également l'officier directeur de l'école lorsqu'un homme de leur compagnie change de caserne.

ART. 108.

Nouveaux admis.

Les maréchaux des logis chefs doivent se rendre une fois par semaine au bureau du trésorier lorsqu'ils ont des nouveaux admis, afin de consulter les mémoires de propositions et prendre note des engagements que ces militaires ont contractés. Ils apposent leur visa sur ces mémoires, et à leur retour ils rendent compte à leur commandant de compagnie. Ils se conforment exactement à ce qui leur est prescrit par l'article 211 concernant l'inventaire des effets des hommes qui s'absentent. En cas d'absence, ils sont remplacés pour la police et la discipline par le plus ancien maréchal des logis qui est dispensé de tout autre service ; la comptabilité reste entre les mains du maréchal des logis fourrier.

CHAPITRE XIII.

MARÉCHAUX DES LOGIS.

Devoirs généraux. Les maréchaux des logis dirigent, sous l'autorité des officiers de peloton ou de section, les brigadiers et gardes de leur subdivision, ainsi que les détails intérieurs des chambrées. Ils appuient les brigadiers de leur autorité et les habituent à commander avec fermeté, mais sans brusquerie. Ils rendent compte tous les jours à leur lieutenant de section ou de peloton des mutations, punitions, etc., lorsque celui-ci vient au quartier.

Ils veillent à la conservation et à la bonne tenue des effets des hommes sous leurs ordres. Ceux de semaine sont aux ordres des officiers de semaine et ne peuvent s'absenter sans leur autorisation ; ils en préviennent l'adjudant ; ils reçoivent les billets d'entrée à l'hôpital, les exemptions de service et les remettent aux maréchaux des logis chefs. Ils tiennent la main à ce que les hommes détenus soient rasés et changent de linge ; rendent compte des ustensiles d'écurie qui manquent, et indiquent si ceux perdus ou cassés doivent être mis au compte des gardes d'écurie dont ils surveillent le service. Les maréchaux des logis de cavalerie assistent tous aux pansages et aident l'officier de semaine à en assurer le détail. Enfin, les uns et les autres se conforment à ce qui leur est prescrit, soit par cette Instruction, soit par les ordres particuliers qu'ils reçoivent.

ART. 109.

Service de semaine. Les maréchaux des logis ne sont point commandés de service lorsqu'ils sont de semaine. Ils passent l'inspection des hommes de service dans les chambres à 8 heures 3/4 du matin sous la surveillance des officiers de semaine. Ils veillent à ce que la giberne contienne tout ce qui est prescrit par l'article 134, 6e et 7e paragraphes. Ils inscrivent sur un registre à ce destiné tous les services commandés, toutes les décisions et ordres donnés, ils le signent chaque jour et le soumettent, après la parade, au visa de l'officier de semaine. Ils sont chargés de communiquer toutes les décisions aux lieutenants de leur compagnie ou escadron, et lorsqu'un officier n'est point chez lui, et que les ordres de service ou décisions le concernent particulièrement, ils doivent lui laisser une note par écrit qu'ils mettent dans le trou de la serrure ou sous la porte du logement de cet officier, ou enfin chez le concierge s'il est logé en ville. Lorsqu'on bat au piquet, ils veillent à ce que les hommes descendent promptement et se rendent ensuite au rassemblement. Tous les jours, à l'heure de la retraite, ils remettent au sous-officier de garde à la police les manteaux de patrouille ; ils les reprennent et les visitent le lendemain à l'ouverture des portes, et s'assurent que le brigadier de semaine les fasse nettoyer. Ils se conforment aux prescriptions du chapitre 3 concernant les appels.

ART. 110.

Service de garde et de théâtres. Les chefs de poste se conforment à ce qui leur est prescrit par les consignes affichées dans les corps-de-garde, et aux prescriptions contenues dans l'Instruction municipale relatives à ces services, ainsi qu'à l'article 138 de la présente

Instruction. Le maréchal des logis de garde à la police observe et fait exécuter les dispositions prescrites article 135.

ART. III.

Les maréchaux des logis sont commandés, à tour de rôle, pour le piquet. Dans les casernes où il n'y a qu'une compagnie d'infanterie, les brigadiers concourent avec eux pour ce service. Le maréchal des logis de garde et ceux de piquet alternent pour être de planton à la porte de la caserne. Ce service est réglé pour l'adjudant de manière que celui-ci sache toujours l'heure à laquelle tel sous-officier est de planton. Celui de piquet fait toujours la première pose à l'ouverture des portes, et celui de garde la dernière. Lorsque les piquets sont doublés, le sous-officier qui est commandé concourt avec eux pour ce service. Le maréchal des logis de piquet désigne, à tour de rôle, les hommes des deux armes pour être de planton au corps-de-garde. Lorsqu'on bat au piquet le sous-officier descend immédiatement, alligne les hommes et en fait l'appel. Le maréchal des logis de planton à la porte de la caserne se conforme aux dispositions suivantes : Service de piquet et de planton.

1° Il est responsable de la tenue des hommes qui sortent de la caserne ; il veille à ce qu'ils soient dans la tenue ordonnée pour le jour, qu'ils aient la buffleterie passée sous la contre-épaulette ; que le sabre soit au crochet pour la cavalerie, et placé à la hanche pour l'infanterie ; qu'ils aient des gants, qu'ils soient coiffés militairement et n'aient point d'effets mal propres ou déchirés ; Tenue.

2° Il examine soigneusement la tenue des hommes rentrant au quartier, et signale à la compagnie ou escadron et au capitaine de police ceux qui rentrent pris de vin ; le soir il redouble de surveillance à cet égard ;

3° Il s'oppose à ce qu'aucun étranger ou marchand ne pénètre dans la caserne sans autorisation ; fait conduire les personnes qui demandent à voir MM. les officiers lorsqu'elles ne connaissent point leur logement; fait appeler les militaires auxquels des étrangers désirent parler, et permet l'entrée de ceux qui vont chez des sous-officiers ou gardes en ménage lorsque ceux-ci lui en font la demande. Il interdit l'entrée de la caserne aux enfants qui n'y logent point, et y laisse entrer les militaires de la ligne qui sont en tenue, à moins qu'ils ne soient pris de vin ; Étrangers et marchands.

4° Il empêche le stationnement de tout militaire ou étranger à la porte de la caserne. Il se conforme, pour la tenue dans les cours, au paragraphe 4 de l'article 151 ; pour la tenue du matin à l'article 42, et enfin pour les hommes devant être congediés à l'article 41 ;

5° Il s'oppose à la sortie de tout effet d'habillement, si l'homme ne présente une autorisation du commandant de la compagnie, à moins qu'il ne soit accompagné d'un sous-officier ou brigadier; il ne laisse vendre aucun effet aux environs de la caserne et sortir aucun paquet sans en avoir vérifié le contenu, excepté pour MM. les officiers et adjudants;

6° Il veille à ce que les cuisinières et porteurs ne sortent de la caserne pendant la durée de leur service, à moins de motifs urgents et justifiés ; dans ce cas, il s'assure qu'ils n'emportent aucun aliment soustrait à l'ordinaire ; il en fait de même à leur sortie du soir; Cuisinières et porteurs.

7° Il se conforme pour l'entrée à la caserne de liquide spiritueux, aux prescriptions de l'art. 182;

8° Enfin, il rend compte à l'adjudant de toutes les infractions qu'il remarque.

ART. 112.

Surveillance aux barrières.

Les sous-officiers et brigadiers des deux armes sont commandés par l'adjudant à tour de rôle, pour ce service qui a lieu les dimanches, lundis et jours de fêtes. Il est composé d'un maréchal des logis, d'un brigadier et de deux gardes par caserne, qui sont rendus à leur poste à 6 heures du soir et ne le quittent qu'à 9 heures. Lorsque l'appel est fait à 9 heures 1/2, le service est retardé d'une demi-heure pour le départ et la rentrée.

Si le piquet est assez fort pour fournir ce service, il est pris dans le piquet; mais alors, les hommes qui ont fait ce service ne marchent que pour les patrouilles de 3 à 6 heures du matin.

Ils parcourent toutes les barrières qui leur sont désignées d'après le tableau affiché dans les bureaux des compagnies et escadrons; ils visitent, mais sans y stationner tous les établissements fréquentés par les militaires du corps, s'informent de leur conduite, arrêtent ceux qui commettent du scandale ou qui sont dans une mauvaise tenue ou de mauvais lieux. A leur arrivée ils font une première tournée et se rendent ensuite au lieu indiqué pour la station, où l'officier du corps commandé de ronde doit les attendre; mais dans le cas où cet officier n'y serait point encore arrivé et qu'il tardât plus de 20 minutes à paraître, ils laissent au chef du poste de la ligne, un bulletin indiquant leurs noms, l'heure de leur départ et la direction qu'ils ont prise. A leur retour au quartier, ils rendent compte sur un rapport qu'ils établissent de tous les événements survenus, de tout ce qu'ils ont remarqué de contraire au bon ordre, et du nom des barrières et établissements qu'ils ont visités.

Dans les casernes où il n'y a qu'une compagnie ou un détachement, et que ce service n'est pas fait conjointement avec une autre caserne, les sous-officiers et brigadiers roulent ensemble pour la surveillance, sans toutefois pouvoir commander deux maréchaux des logis le même jour.

MARÉCHAUX DES LOGIS ET BRIGADIERS FOURRIERS.

ART. 113.

Devoirs généraux des fourriers.

Les fourriers sont aux ordres immédiats des maréchaux des logis chefs; ils tiennent sous la direction de ceux-ci tous les registres et font toutes les écritures; en cas de besoin, les maréchaux des logis chefs peuvent leur partager le travail. Ils sont chargés du casernement, de la literie, des réceptions, distributions d'effets et autres; ils font commander par le brigadier de semaine, tous les hommes dont ils ont besoin pour les corvées(1); ils communiquent les ordres à tous les officiers de leur compagnie ou escadron et les lisent à l'appel du matin ou de 2 heures. Les maréchaux des logis fourriers sont commandés à tour de rôle dans tout le corps pour aller à l'ordre pendant un mois à l'état-major de la place; ils ne font aucun autre service pendant ce temps. Les uns et les autres font en outre, dans chaque caserne et également à tour de rôle, le service de semaine à l'état-major du corps; ceux de semaine doivent

(1) Conformément à l'ordon. du 16 mars 1838, art. 3, les brigadiers fourriers commandent aux brigadiers.

toujours être porteurs du carnet et du registre d'ordres de l'adjudant, et avant leur départ, passer au poste de la police et au bureau d'habillement dans la caserne où il se trouve, pour y prendre les lettres, paquets ou rapports adressés à l'état-major.

Tous les mois ils remettent à l'officier de casernement un état des réparations à faire dans toute l'étendue du casernement de leur compagnie ou escadron ; enfin ils se conforment, pour l'habillement et la tenue des registres de comptabilité, aux chapitres 28 et 29 de cette Instruction. Casernement.

CHAPITRE XIV.

BRIGADIERS.

ART. 114.

Les brigadiers doivent donner l'exemple de la bonne conduite, ils surveillent les gardes de leur chambrée et plus particulièrement ceux de leur escouade, ils veillent à ce qu'ils entretiennent leurs effets et équipement dans le plus grand état de propreté, ils forment les nouveaux admis aux usages et services du corps, font lever les gardes au réveil, ouvrir les fenêtres pour renouveler l'air, répriment tout ce qui se dit et se fait contre le bon ordre, font cesser les jeux qui peuvent occasionner des querelles, empêchent de fumer au lit, de se coucher dessus avec les bottes, de placer des effets entre la paillasse et le matelas, de fendre du bois dans les chambres ou corridors, en un mot ils sont responsables de la bonne tenue de leur chambrée et des infractions aux ordres qui s'y commettraient par leur négligence. Ils rendent compte immédiatement aux maréchaux des logis de semaine et à ceux de leur subdivision de tout ce qui intéresse le service et la discipline, tels que découcher d'un homme, vente d'effets ou achat sans autorisation, recel de quelque objet, maladie subite pendant la nuit, maladie vénérienne ou cutanée, homme ivre, batterie, etc. Ceux de semaine assistent à toutes les réunions, commandent et rassemblent les hommes de corvée. Ceux de cavalerie veillent à la propreté des écuries ; distribuent l'avoine ainsi que le fourrage, conduisent les gardes d'écuries à leur poste, s'assurent que les consignes leur sont bien données et en surveillent l'exécution. Enfin tous se conforment aux devoirs qui leur sont imposés concernant leurs attributions ; Devoirs généraux.

2° Les brigadiers comme les maréchaux des logis ne sont point commandés de service lorsqu'ils sont de semaine. Ils se conforment aux prescriptions de l'art. 10 concernant l'appel au réveil. Lorsqu'on bat au piquet, ils passent rapidement dans les chambres pour faire hâter les hommes et se rendre ensuite au rassemblement ; à l'appel du pansage les brigadiers de semaine de la cavalerie font sortir les hommes de la salle de police conformément à l'article 11 et les y reconduisent aussitôt le pansage terminé. Ils ne les laissent point monter dans les chambres n'y entrer à la cantine. Aux coups de baguettes donnés pour délivrer le repas aux hommes de théâtre, ils descendent à la cuisine et veillent à cette distribution. Service de semaine.

ART. 115.

Les brigadiers commandés de piquet comme sous-officiers se conforment à ce qui est prescrit à l'article 3 pour les maréchaux des logis. Brigadiers de piquet et de surveillance aux barrières.

2° Pour la surveillance aux barrières, ils se conforment aux presciptions de l'article 112 de la présente Instruction.

ART. 116.

Brigadiers de garde la police.

Le brigadier de garde à la police seconde le maréchal des logis dans toutes les parties de son service ; il est spécialement chargé de la police de la cuisine et veille à l'exécution des dispositions suivantes :

Cuisine.

1° Il fait éveiller les plantons de cuisine qui sont commandés dans chaque compagnie de manière à ce qu'ils soient présents à l'ouverture de la cuisine qu'il doit ouvrir lui-même à 3 heure du matin ;

2° Il fait de suite allumer les fournaux par les employés qui doivent se trouver à leur poste à la même heure, veille à ce que la totalité de la viande ait bien sa destination, reste à la cuisine jusqu'à 4 heures, il y revient souvent exercer sa surveillance ;

3° Cinq quarts d'heure avant le roulement de la soupe du matin et du soir, il se rend de nouveau à la cuisine, y reste jusqu'après la distribution pour s'assurer qu'elle est faite exactement et y maintient l'ordre ;

4° A cinq heures du soir, après s'être assuré que toutes les gamelles vides ont été descendues, que celles des hommes absents ou en permission ont été montées dans la chambre du brigadier de semaine ; que celles enfin des hommes de service soient à la cour d'assises ou de détachement ont été placées dans le bain-marie, pour être distribuées par ses soins à leur retour, il ferme les portes de la cuisine et remet les clefs au maréchal des logis de garde ;

5° En un mot il est personnellement responsable de la présence des plantons de cuisine, du bon ordre et de la propreté générale de la cuisine, qu'il ne soit détourné aucun objet, denrées, vivres et ustensiles, que les repas soient prêts et mis dans les gamelles avant le roulement, mais de manière à être mangés chauds ; que le départ des porteurs ait lieu à l'heure fixée et qu'ils n'emportent que le nombre de gamelles qui est fixé par la liste des hommes de service qui lui est remise par le brigadier de semaine ; enfin il se conforme également aux articles 172 et 173 de la présente Instruction.

ART. 117.

Brigadier d'ordinaire.

Les brigadiers d'ordinaire se conforment aux articles du chapitre XX qui sont relatifs à leur gestion.

ART. 118.

Planton de chambrée.

Les brigadiers veillent à ce que les hommes commandés de corvée de chambre y restent pendant les appels et ne s'absentent qu'après le repas du soir, après avoir mis tout en état de propreté et qu'ils déposent la clef dans la chambre du brigadier de semaine, dans le cas où ils se trouvent seuls au moment de leur sortie.

CHAPITRE XV.

GARDES ET DEVOIRS GÉNÉRAUX COMMUNS AUX DIVERS GRADES.

ART. 119.

Gardes.

Tout garde revêtu de son uniforme, quand bien même il ne ferait partie d'aucun service commandé, n'en est pas moins constamment dans l'exercice de ses fonctions, et doit, en toute circonstance, veiller au maintien de l'ordre et de la tranquillité publique. Les militaires du corps doivent, en leur qualité de soldats d'élite, se montrer toujours dignes de la haute mission qu'ils sont appelés à remplir. Le repos et la tranquillité de la capitale sont confiés à leur vigilance et à leur courage.

La société a remis entre leurs mains non-seulement des armes pour la défendre et la protéger contre les malfaiteurs et perturbateurs de toute espèce, mais encore une portion du pouvoir judiciaire, afin d'assurer par des moyens paisibles et réguliers l'exécution des lois, ordonnances et règlements de police. Il est donc essentiel que les militaires du corps acquièrent promptement les connaissances nécessaires pour accomplir avec intelligence cette partie de leurs obligations, qui se trouve détaillée dans l'Instruction municipale, dont chacun d'eux est pourvu à son entrée dans la garde municipale.

Chargés, dans la pratique habituelle de leur service, de la mission pénible et souvent difficile de régulariser des plaisirs, de contrarier des habitudes prises, et de calmer des impatiences; souvent en contact avec la partie la plus turbulente de la population, les gardes, par leur habitude tout à la fois ferme et bienveillante, par la dignité de leur conduite, leur allure franche et militaire, et leur extrême politesse envers toutes les classes de la société, doivent amener cette population à comprendre que leur présence au milieu d'elle n'a pour but que le maintien de l'ordre et la sécurité de tous. Ils doivent éviter les propos acerbes, humiliants, et les actes oppressifs qui n'auraient d'autre résultat que d'altérer la considération et la confiance que la garde municipale inspire; mais plus ils auront mis de politesse et de convenance dans l'exécution de leur service, plus ils devront déployer de fermeté envers les individus qui prendraient pour de la faiblesse les égards dont ils auraient été l'objet.

Ils ne doivent jamais employer la force qu'après avoir épuisé tous les moyens de douceur et de persuasion; ils ne doivent se servir de leurs armes qu'à la dernière extrémité, en cas de légitime défense, lorsque leur vie est menacée ou qu'ils en reçoivent l'ordre de leurs chefs. (En cas d'émeute ou d'attaque contre le gouvernement, l'emploi des armes ne doit avoir lieu qu'après les trois sommations faites au nom de la loi.)

Enfin, les militaires du corps doivent donner l'exemple de la tenue, de la discipline et de la bonne conduite; ils doivent éviter tout ce qui tendrait à compromettre leur uniforme et la réputation si honorable que le corps s'est acquise.

Ils doivent se pénétrer de cette vérité, que l'ivrognerie est le vice le plus dégradant, qu'elle conduit insensiblement à tous les autres, et qu'à la troisième faute pour ivresse ils encourent leur expulsion d'un corps où leur conduite serait une honte et un dangereux exemple pour leurs camarades.

ART. 120.

Chaque fois que les casernes sont consignées, tous les officiers et militaires du corps doivent se rendre en tenue dans les casernes. MM. les officiers ne peuvent s'absenter que pour prendre leurs repas à proximité du quartier, et après en avoir obtenu l'autorisation du chef qui commande. Ils sont toujours en tenue, moins le surtout et la coiffure; la cavalerie a les grosses Casernes consignées.

bottes. Les officiers doivent se tenir prêts à marcher après l'épuisement des officiers du piquet, de piquet supplémentaire et de semaine pour tout service ou réquisition imprévus ;

2° Aussitôt que toutes les casernes sont consignées, l'officier le plus élevé en grade, ou à grade égal, le plus ancien en prend le commandement, qui cesse dans ce dernier cas avec la levée de la consigne. MM. les docteurs et officiers d'état-major logés en ville sont prévenus par l'adjudant;

3° La consigne est levée de droit le lendemain matin, si les plantons ne rapportent point d'ordres contraires;

4° Les officiers d'administration, maîtres ouvriers, secrétaires et ouvriers, resteront dans les casernes, mais ils ne seront astreints à se mettre en tenue et à prendre les armes que d'après l'ordre exprès du colonel.

ART. 121.

Inspection du dimanche.

Tous les dimanches, à 9 heures du matin, la troupe est inspectée dans une tenue différente, indiquée par les numéros de la série qui lui est particulière. Savoir :

Pour l'infanterie.
- N° 1. Grande tenue, armes, sac au dos, capote roulée sur le sac ou fausse capote.
- N° 2. Surtout avec armes sans sac.
- N° 3. Capote, sabre et chapeau.
- Le pantalon de tenue de la saison.

Pour la cavalerie.
- N° 1. A pied, grande tenue, sabre et grosses bottes.
- N° 2. A pied, tenue de théâtre, mousqueton et sabre.
- N° 3. A pied, surtout, chapeau et sabre.
- Le pantalon de tenue de la saison.

Tous les officiers assistent à cette inspection, en petite tenue, pantalon blanc ou de drap, suivant la saison. En cas de mauvais temps l'inspection ordinaire a lieu dans les chambres.

MM. les officiers supérieurs de semaine veillent à l'exécution de ces inspections.

ART. 122.

Nouveaux admis.

MM. les commandants de compagnie et d'escadron doivent apporter, et faire apporter par les officiers et sous-officiers sous leurs ordres, une grande surveillance sur les nouveaux admis, afin de pouvoir provoquer le renvoi dans la ligne, avant l'expiration de six mois, de ceux qui n'offrent pas la garantie d'une bonne conduite et d'un bon service pour le corps. Le lendemain de leur arrivée ces militaires sont envoyés, à 7 heures du matin, à la caserne Tournon pour être visités par le chirurgien-major. Ils se rendent ensuite avec toutes leurs pièces, y compris le certificat de visite, à l'état-major du corps et se présentent au sous-officier chargé du recrutement.

ART. 123.

Enquête sur la conduite d'un militaire.

Aussitôt qu'une enquête est ordonnée par le colonel, ou bien prescrite d'office par le commandant de la compagnie ou de l'escadron, il en est immédiatement donné avis par écrit aux chef d'escadron et lieutenant-colonel de l'arme par la voie du fourrier de semaine. Cette enquête est faite par l'officier du peloton ou de la section dont l'homme fait partie. MM. les officiers prennent auprès des personnes intéressées ou des témoins tous les renseignements propres à éclairer le colonel, et remettent leur rapport au commandant de la compagnie, qui le fait parvenir au colonel par la voie hiérarchique, après y avoir consigné ses observations, et directement en cas d'urgence.

ART. 124.

Conseil de discipline.

Chaque fois qu'un homme est traduit devant un conseil de discipline, on doit joindre à la plainte du capitaine l'enquête faite à son égard, son extrait de compte et son relevé de punitions : ces deux dernières pièces sont en double expédition, et adressées personnellement au chef du bataillon ou des escadrons qui les transmettent au colonel par la voie hiérarchique.

ART. 125.

Hommes manquant aux appels.

Tout commandant de compagnie doit prescrire des recherches aussitôt qu'un militaire manque aux appels ; il doit s'occuper de faire une enquête dans la compagnie, afin de connaître ses habitudes et d'arriver promptement à découvrir sa retraite, et l'empêcher peut-être de compromettre la considération du corps. On doit indiquer sur le rapport si on croit pouvoir le trouver, on doit également faire la visite de ses effets.

ART. 126.

Innovation. Certificats. Limites de la garnison. Absence avant le retour du rapport. Remplacement de service.

Il est défendu à tous les officiers et militaires du corps de faire aucune innovation dans les pratiques habituelles du service, sans en avoir obtenu l'autorisation du colonel ;

2° De signer ou délivrer des certificats aux hommes qui ont fait partie ou font encore partie du corps, et de même à tout autre personne qui viendrait en réclamer pour tel fait ou motif que ce soit ;

3° De dépasser sans une permission écrite les limites de la garnison, indiquées dans un tableau affiché dans toutes les compagnies et escadrons ;

4° De s'absenter avant le retour du sous-officier qui est allé au rapport du matin ;

5° De se faire remplacer d'un service quelconque sans en avoir obtenu l'autorisation. MM. les officiers s'adressent au colonel par la voie du fourrier de semaine, les sous-officiers et brigadiers à l'adjudant de semaine et les gardes au maréchal des logis chef ;

Tout homme puni ne peut remplacer, ni se faire remplacer de service ;

6° Le maréchal des logis chef rend compte des remplacements de service à l'officier de semaine, le commandant de la compagnie peut les refuser s'il le juge convenable. MM. les officiers et maréchaux des logis chefs, se conformeront en accordant ces remplacements aux dispositions de l'article 132, cinquième paragraphe ;

7° MM. les lieutenants de piquet ne peuvent accorder aucun changement de tour pour ce service, ils peuvent seulement autoriser leurs hommes à se faire remplacer pendant quelques heures, dans le courant de la journée, mais ils ne peuvent accorder le changement de tour de patrouille.

ART. 127.

Lieux défendus. Barrières Bain isolé. Disputes. Discussions. Poids et mesures. Opérations chirurgicales.

Il est défendu formellement aux sous-officiers, brigadiers et gardes de fréquenter les lieux défendus dont la nomenclature est affichée dans toutes les compagnies ou escadrons;

2° De se trouver aux barrières après la retraite, même étant en permission;

3° De se baigner isolément ailleurs que dans un bain couvert;

4° D'agir d'autorité lorsqu'ils sont dans des endroits publics pour leur plaisir, et qu'ils se prennent de dispute avec des bourgeois; ils doivent en pareil cas s'adresser au commissaire de police pour obtenir justice;

5° D'intervenir dans les discussions qui ont lieu entre des particuliers et les cochers de voiture de place lorsqu'ils sont en station : les surveillants ont seuls qualité pour trancher ces sortes de difficultés; ils ne doivent intervenir que lorsqu'ils en sont requis par ces surveillants ou une autre autorité;

6° De se servir dans la rédaction de procès-verbaux ou demandes des anciennes dénominations de poids et mesures; on ne doit employer que les nouvelles;

7° De se faire faire des opérations chirurgicales ou traiter pour maladie par d'autres chirurgiens que ceux du corps, sans en avoir obtenu l'autorisation du colonel.

ART. 128.

Assignation. Homme demandés à l'état-major.

Tout militaire du corps, officiers et autres, assigné comme témoin devant les tribunaux doit en prévenir le maréchal des logis chef de sa compagnie qui doit en rendre compte sur la situation journalière;

2° Sous aucun prétexte, il ne doit manquer de se rendre devant les tribunaux ou à l'état-major s'il y est appelé, à l'heure fixée; s'il était de service il en préviendrait le maréchal des logis chef qui le ferait remplacer, momentanément ou entièrement, suivant le cas;

Objets trouvés sur la voie publique.

3° Tout militaire du corps, qui trouve des papiers ou objets sur la voie publique doit les porter de suite au bureau de l'état-major du corps avec une nôte indiquant le jour et l'endroit où ils ont été trouvés. Lorsqu'ils sont trouvés dans un établissement public, ils sont remis au commissaire de police ou officier de paix de service : on en prévient également le chef de l'établissement, le chef du poste le mentionne sur son rapport; défense est faite aux gardes de réclamer aucune indemnité pour la remise de ces objets; elle ne peut être que volontaire de la part des propriétaires desdits objets;

Défense de tenir des établissements commerciaux.

4° Il est expressément défendu, conformément à l'article 275 de l'ordonnance du 29 octobre 1820, à tout militaire du corp de tenir cabaret, commerce, métier ou profession quelconque, les femmes ne peuvent également dans la résidence de leur mari, tenir cabaret, billard, café ou tabagie. Ceux qui contreviendraient à ces dispositions, seront signalés au colonel;

Changements de logements.

5° Lorsqu'un militaire change de logement, il doit donner immédiatement sa nouvelle adresse, savoir : l'officier à l'adjudant de la caserne qui l'ajoute de suite sur le tableau du registre du poste; ces officiers en informent également le capitaine adjudant-major chargé du service, les sous-officiers et gardes en préviennent leur maréchal des logis chef;

Péages sur les ponts ou passerelles.

6° Conformément à une décision ministérielle du 30 septembre 1840 tous les militaires du corps sont exempts du droit de péage sur tous les ponts de la capitale lorsqu'ils sont en tenue, même du matin.

ART. 129.

Détachements et cavaliers en marche.

1° Il est ordonné à tout commandant de détachement en marche de le conduire militairement et de veiller à ce que les hommes qui en font partie aient constamment une belle attitude, à ceux de cavalerie de marcher botte à botte et d'observer leur distance;

2° Il est enjoint aux sous-officiers, brigadiers et cavaliers qui portent des dépêches d'être bien placés à cheval, que leur pose soit celle de bons cavaliers, d'avoir des gants et d'aller toujours au trot, à moins d'ordre contraire.

Exemption de service.

3° Tout sous-officier, brigadier ou garde qui a une exemption de service pour quelque cause que ce soit, ne peut, sous aucun prétexte, sortir de la caserne sans l'autorisation du chirurgien qui a donné l'exemption. Dans le cas où cette autorisation lui est accordée, il est tenu de justifier au sous-officier de garde à la police de l'heure de sa sortie et de sa rentrée.

ART. 130.

Salut aux sous-officiers de la ligne.

Conformément à la circulaire ministérielle du 15 octobre 1842, les gardes ne doivent point le salut aux sous-officiers de la ligne; mais s'ils ne le doivent point en raison de la spécialité de leurs fonctions, ils ne doivent s'écarter en rien des règles de la politesse et de la déférence.

ART. 131.

Sous-officiers, brigadiers et gardes logés en ville.

Les sous-officiers, brigadiers et gardes autorisés à loger et à coucher en ville sont soumis aux conditions suivantes:

1° Ils doivent choisir leur logement dans un rayon de 500 pas au plus de la caserne, soit 325 mètres environ;

2° Ils peuvent emporter, avec l'autorisation du commandant de la compagnie ou de l'escadron, une couchette et une fourniture complète de literie, dont ils donnent reçu et deviennent responsables;

3° Ils emportent leur pain et leur bois; ce dernier leur est livré pour trois mois à la fois;

4° Ils conservent leur rang dans leur escouade, afin d'y répondre aux appels et d'y assister aux revues de détail;

5° Ils sont tenus à tous les appels, excepté celui de la soupe, et doivent rentrer chez eux après l'appel du soir, à moins qu'ils n'aient une permission;

6° Ils doivent passer à la caserne leur 24 heures de piquet, même aux heures de repas;

7° Ils sont autorisés, conformément à l'article 174, à vivre dans leur ménage, mais il leur est loisible de manger à l'ordinaire;

8° Ils sont tenus, après chaque terme, de présenter à leur capitaine leur quittance de loyer;

9° Tout militaire logé en ville qui est puni de la consigne, est tenu de rester au quartier depuis le réveil jusqu'à l'appel du soir. S'il se fait punir pour ivresse, il perd ses droits à l'indemnité et rentre à la caserne;

10° Les hommes logés en ville peuvent se faire apporter leur repas les jours où ils sont de garde, en versant 25 centimes à l'ordinaire; le brigadier qui en a la direction doit en être prévenu la veille par eux;

11° Les fusils, ainsi que les gibernes et cartouches restent dans les chambrées dont les hommes font partie;

12° Une copie du présent article est remise à chacun des militaires logés en ville sur un reçu signé d'eux.

CHAPITRE XVI.

SERVICE GÉNÉRAL DE GARDE, PIQUET, PATROUILLE, THÉATRE, ETC.

ART. 132.

Règles générales pour commander le service.

Afin de ne point dégarnir complétement les chambrées en raison de la formation des compagnies pour l'ordre en bataille, établi conformément à l'article 1er, le contrôle pour commander tous les services est fait de la manière suivante :

1° Le plus ancien garde est placé en tête du contrôle, puis le moins ancien le suit immédiatement ; le second plus ancien prend le n° 3 ; l'avant-dernier par rang d'ancienneté le n° 4, et ainsi de suite ;

2° Les pancartes sont renouvelées le premier jour de chaque trimestre, et les nouveaux admis, après l'établissement de ces pancartes, y sont intercallés de distance en distance ;

Tours de service.

3° Les tours de service sont ainsi établis, savoir : 1er tour la garde, 2e tour les piquets et 3e tour les théâtres, bals et soirées ;

4° Le tour de garde est invariable, c'est-à-dire qu'il ne peut être avancé ni reculé. Les deux autres tours sont subordonnés au premier et peuvent être avancés ou reculés suivant leur ordre numérique ;

5° Les maréchaux des logis chefs ont toujours soin de laisser au moins un jour d'intervalle entre le tour de garde et celui de piquet de 24 heures ; c'est-à-dire qu'un homme ne peut être commandé de piquet qu'au moins l'avant-veille de sa garde ou le lendemain du jour où il l'a descendue ;

6° Les hommes commandés de piquet éventuel peuvent, ainsi que ceux de théâtre, être commandés de garde le lendemain de ce service si leur tour les y appelle ;

7° Les hommes peuvent être commandés de théâtre à la descente de leur garde ou piquet, ainsi que la veille de ces deux services.

ART. 133.

Règles générales pour tout service.

On se conforme aux dispositions suivantes pour tout service et lorsqu'il doit y être dérogé, l'ordre en est donnée par le colonel ;

Détachement de la Cour d'assises.

1° Les détachements commandés pour la cour d'assises sont toujours en armes ;

Fusils des sous-officiers.

2° Les sous-officiers ne font le service en sabre que pour le théâtre, dans tout autre service ils sont armés de leur fusil, à moins d'ordes contraires du colonel ;

Mousquetons et pistolets des cavaliers de service.

3° Les cavaliers de garde emportent les pistolets et le mousqueton, et déposent ce dernier au poste. Ceux commandés de service les jours de grandes fêtes, les ordonnances chargées de porter les dépêches ainsi que les hommes de patrouille sont dispensés de prendre le mousqueton ; mais ils conservent les pistolets, pour les revues les cavaliers prennent toutes leurs armes, à moins d'ordres contraires ;

Coiffe de shakos, couvre-giberne et épinglette.

4° La coiffe de shakos n'est portée que dans le service de nuit. Lorsqu'il pleut au départ de la garde, les capitaines de police la font mettre ; mais elle doit être retirée aussitôt l'arrivée au poste. Le couvre-giberne n'est porté de jour qu'avec la capote et la tenue d'hiver. L'épinglette est ajustée à la poche aux capsules d'après la manière indiquée et y reste constamment.

ART. 134.

1° La giberne doit toujours être placée de manière que la ligne supérieure qu'elle présente soit toujours horizontale et parallèle à la ligne inférieure du sac, et à la hauteur du bouton du milieu de la basque droite de l'habit, le pommeau du sabre doit-être à la même hauteur que la ligne horizontale supérieure de la giberne et servir à prolonger cette ligne; (Giberne, manière de l'ajuster avec le sabre.)

Le bouton en buffle destiné à fixer la martingale doit-être placé au milieu du baudrier, cette martingale doit également former une ligne horizontale parallèle aux autres;

2° Le porte-giberne est ajusté de manière à ce que le dessous du coffret se trouve à deux millimètres environ du coude droit, le bras étant plié et la main sur le téton gauche, la partie supérieure de la boucle, placée à 10 centimètres environ de la contre-épaulette gauche, le passant de cuivre partageant également la distance entre la partie inférieur de la boucle et de l'agrément; et enfin ce dernier arrivant exactement sur les boutons du porte-giberne et les couvrant; la martingale mobile en cuir vernis, destinée à maintenir le coffret dans une position horizontale, s'attache au bouton gauche de la taille de l'habit; (Cavalerie.)

3° Les sous-officiers brigadiers, et gardes, portent le ceinturon en ceinture ou en baudrier selon que le service doit-être fait à pied ou à cheval. (Ceinturon de cavalerie.)

Dans le premier cas, il est engagé sous la contre-épaulette droite, et pour les brigadiers et gardes, en dessous du porte-giberne, qui se place de la même manière, mais en sens inverse, c'est-à-dire de gauche à droite; ces deux buffleteries se trouvent alors croisées sur la poitrine, de manière à laisser paraître le premier bouton du surtout et à faire arriver la plaque immédiatement au-dessous du porte-giberne en recouvrant même ce dernier de 3 à 4 millimètres; l'anneau inférieur de la pièce dite entre deux, doit-être placé à la hauteur de la hanche gauche. Lorsque le porte-baïonnette doit-être adapté au ceinturon, la baïonnette doit-être maintenue perpendiculairement un peu en arrière de la couture du pantalon, sans que la douille soit engagée sous la basque de l'habit.

Dans le second cas, le ceinturon placé horizontalement au-dessus des hanches, ne doit laisser voir, sous l'habit, que la moitié de la plaque, et être soutenu dans cette position par la bretelle porte-sabre.

4° Le bouton double de la bretelle de fusil, doit-être placé à trois centimètres de la grenadière et face à la capucine, lorsque la bretelle est trop longue elle doit-être rognée et ajustée du côté de la boucle. (Bretelle de fusil, manière de l'ajuster.)

5° Elle est engagée dans le battant de sous-garde, la demi-boucle carrée en dessous est maintenue par un bouton à double face, fixé à 10 millimètres environ de ce battant; elle est pliée en trois doubles et fortement tendue, au moyen d'un second bouton de même espèce, dont une des faces est placée à 10 centimètres au-dessous du battant de la capucine ou grenadière. (Bretelle de mousqueton.)

6° Le paquet de cartouches enveloppé d'un double papier, portant le nom et le numéro matricule de l'homme et les initiales G M. Ce paquet est placé dans le compartiment de gauche; 2° la cartouche isolée dans le premier trou de (Giberne d'infanterie, ce qu'elle doit contenir.)

droite (cette cartouche doit-être collée); 3° le tire-balle fixé sur un bouchon dans le deuxième trou; 4° le nécessaire d'arme dans son compartiment (cette pièce ne doit jamais être rouillée), enfin une pièce grasse en drap et une en toile, dans le compartiment de droite; 5° le bouchon de fusil n'est toléré que dans les chambrées, et le tampon de cheminée n'est mis que pour les exercices.

Cavalerie.

7° La giberne doit contenir trois cartouches de mousqueton et une de pistolet, enveloppées dans un double papier, portant le nom, le n° matricule de l'homme et les initiales G. M., en outre, dans le premier trou du second rang, gauche, une cartouche de mousqueton, dans le premier trou du premier rang à gauche, une cartouche de pistolet (ces deux cartouches doivent être collées); dans le deuxième trou du premier rang, quatre capsules enveloppées dans un papier laissant assez de prise pour les retirer au besoin; dans le troisième trou du même rang, le tire-balle fixé sur un bouchon; le tampon de cheminée, placé dans un des deux trous disponibles; enfin, une pièce grasse en drap placée sur les cartouches, pour empêcher le ballottage, les deux patelles en cuir rabattues sur le trou.

ART. 135.

Garde de police.

La force numérique de la garde de police dans les casernes est réglée suivant les localités par le capitaine adjudant-major chargé du service, qui prend à cet égard les ordres du colonel. Le maréchal des logis de garde se conforme aux prescriptions suivantes:

Devoirs du maréchal des logis de garde à la police.

1° Il doit prendre ses repas au poste et ne doit le quitter que pour vaquer à son service; il ne s'absente jamais en même temps que le brigadier de garde qui est chargé de le remplacer; il ne reçoit de consignes verbales que des officiers supérieurs, capitaines de police, adjudants-majors et adjudants; il n'en reçoit d'écrite ou permanentes que du colonel commandant;

2° Il est responsable de la ponctualité avec laquelle le brigadier et les sentinelles remplissent leurs devoirs; il est chargé, sous la direction de l'adjudant de faire exécuter toutes les batteries et sonneries du service journalier affiché au poste;

Salle de police.

3° Il visite plusieurs fois dans la journée les salles de police et prison, il reçoit les réclamations des détenus et les fait parvenir à qui de droit; il veille à ce qu'ils ne fument point, cette faculté ne leur est accordée que lors de l'ouverture des salles de police ou lorsqu'ils sont amenés au poste pour s'y chauffer; il veille également à ce qu'ils n'allument point de chandelle et à ce qu'aucun effet de couchage ne soit porté à la salle de police, exceptés ceux prescrits par le règlement. Il n'y souffre l'introduction d'aucun liquide spiritueux et autres aliments que ceux destinés aux repas habituels des hommes.

Pendant l'été il fait ouvrir les salles de police de 11 heures à midi et demi et de 6 heures à 7 heures et demie du soir, il place le nombre de factionnaires nécessaires pour empêcher l'évasion des détenus; pendant les grands froids il les fait amener au poste pour s'y chauffer de 7 heures à 8 heures et demie du matin et de 7 heures à 8 heures et demie du soir;

Consignés.

4° Il fait battre aux consignés toutes les fois qu'il le juge nécessaire, afin de s'assurer de leur présence, et signale au capitaine de police ceux qui manquent; les hommes consignés qui sont logés en ville doivent prendre leurs repas à la caserne ;

Registre des hommes punis.

5° Il tient proprement le registre des hommes punis et le fait viser tous les jours par l'adjudant avant le départ du rapport;

6° Il veille à ce que le devant de la caserne soit tenu proprement et conformément au 1er paragraphe de l'article 151 ; il surveille les cantines et exige leur fermeture après l'appel du soir ;

Boîtes de secours.

7° Il est responsable de la boîte de secours, et se conforme à l'instruction qui y est affichée ; il ne souffre point que le journal du poste soit emporté par qui que ce soit;

Port des pièces et rapport à l'état-major.

8° Il envoie à l'état-major, par le planton du matin, toutes les pièces déposées au poste, et lui indique, ainsi qu'à toute ordonnance, qu'on doit s'adresser au bureau du capitaine adjudant-major. Le rapport de santé du docteur est remis par lui au fourrier de semaine qui est chargé de l'apporter à l'état-major ; les reçus des lettres de service doivent être soumis par lui au capitaine de police ;

Rondes du chef de poste de la police et du brigadier.

9° Pendant la nuit il fait deux rondes dans l'intérieur de la caserne pour veiller à la tranquillité et à la sûreté du quartier ; le brigadier en fait également deux. Ils visitent les écuries ; s'assurent de la présence et de la vigilance des gardes qui y sont de service. Le chef du poste mentionne sur son rapport ces rondes et signale les abus ou négligences qu'il aurait remarqués, après toutefois en avoir rendu compte à l'adjudant qui en prévient lui-même le capitaine de police ;

10° Il s'oppose à ce que les chevaux soient montés dans les cours hors les heures de travail, et se conforme à cet égard à l'article 220 ;

Bulletin de santé.

11° Il remet le matin au docteur les billets de santé déposés au poste, et si pendant la nuit ou même pendant la journée un homme se trouve malade, il en rend compte à l'adjudant, qui en prévient le capitaine de police;

Réquisitions.

12° Il défère aux réquisitions de toutes les autorités chargées de requérir la garde, et en rend compte immédiatement à l'adjudant qui en prévient le capitaine de police ;

Officiers généraux visitant les casernes.

13° Toutes les fois que le colonel se présente en tenue au quartier, la garde sort sans armes du poste. Pour M. le préfet de police et les officiers généraux, elle prend les armes et les honneurs sont rendus de la manière suivante : Le tambour rappelle pour les lieutenants généraux, et est prêt à battre pour les maréchaux de camp et le préfet de police ;

14° Chaque fois que le colonel ou un lieutenant-colonel fait la visite d'une caserne, il fait prévenir de suite l'adjudant et le capitaine de police ; il fait également prévenir l'adjudant lorsqu'un chef d'escadron se présente, et le capitaine de police, si cet officier supérieur le demande ;

Clefs des portes de la caserne.

15° Au roulement de l'appel du soir il fait fermer la porte de la caserne ; la clef doit rester entre ses mains ou celles du brigadier, et la porte ne doit être ouverte que par l'un d'eux. Aucun homme ne peut sortir après cet appel, sans une permission écrite et signée par le commandant de la compagnie ou l'officier de semaine, exceptés les sous-officiers et brigadiers fourriers jusqu'à heure fixée pour leur rentrée ;

16° Aucun homme ne peut également sortir le matin avant l'ouverture des portes sans y être autorisé par le commandant de la compagnie, ce dont le chef du poste doit être prévenu ;

Rapport du maréchal des logis de garde. 17° Le rapport du maréchal des logis de garde doit indiquer tous les événements qui se sont passés dans les 24 heures ; il y relate la force, l'heure de la sortie et de la rentrée de tous les détachements et ordonnances sans exception ; le départ et le nom des hommes entrant à l'hôpital. Il inscrit le nom et le grade des permissionnaires de l'appel du soir au fur et à mesure de leur rentrée et indique l'heure en regard de leur nom ainsi que sur leur permission ; il en agit de même pour les sous-officiers qui sortent après l'appel du soir, ainsi que pour tous les hommes rentrant de permission d'absence.

Visite du docteur. Lors de l'arrivée de MM. les docteurs dans la caserne pour leur visite du matin, il leur présente le rapport supplémentaire sur lequel ils doivent constater l'heure de leur visite, et leur remet les bulletins de santé déposés au poste.

Réveil des hommes de patrouille et des plantons de cuisine. 18° Les hommes de garde à la police, sont chargés chacun pour leur compagnie ou escadron et sous la responsabilité du chef du poste de la police, d'aller éveiller les hommes de patrouille et les plantons de cuisine ; ils ne doivent rentrer au corps-de-garde que lorsqu'ils se sont assurés que ces militaires sont levés ; sous aucun prétexte les hommes de garde ne doivent s'absenter du poste pour des affaires étrangères au service ;

Piquet. 19° La force numérique des piquets est réglée d'après un ordre déposé aux archives des adjudants, il en est de même pour le cas ou les piquets doivent être doublés. Elle est calculée de manière à ce qu'ils puissent fournir 1° le service des patrouilles de nuit ; 2° le service périodique, porté sur la feuille mensuelle des adjudants, cependant si pendant le jour le service périodique devait dégarnir le piquet au delà de huit hommes, commandés par un maréchal des logis ou brigadiers, les adjudants y pourvoieront en commandant des hommes de supplément dans les compagnies ; huit hommes et un chef, doivent rester constamment disponibles pour faire face aux éventualités ; le service des patrouilles de nuit ne devant point être interrompu, les hommes de piquet ne marcheront que de jour aux incendies ; si à l'heure de l'appel du soir ils n'étaient point rentrés, les adjudants les feraient relever par les hommes qui doivent être commandés, conformément à l'art. 140.

Les services éventuels ordonnés par l'état-major, seront commandés en dehors des piquets et répartis également par les adjudants entre les compagnies ou escadrons de leur caserne ;

Planton à la police. 20° Les hommes de piquet qui sont désignés dans les deux armes pour être de planton au poste de la police, sont employés à porter les rapports à l'état-major ainsi que les dépêches de service ; ils sont également chargés de prévenir les sous-officiers et gardes que l'on fait demander à la porte de la caserne ; lorsque les dépêches de service sont destinées pour des endroits éloignés, on commande de préférence les cavaliers, surtout si la missive est pressée ;

Devoirs de la sentinelle. 21° La sentinelle placée à la porte de la caserne veille attentivement à tout ce qui se passe à portée d'elle, elle ne s'écarte point de la porte et en fait éloigner tout ce qui peut en gêner la libre entrée. Elle empêche de faire ou déposer des ordures devant la caserne, de coller sur la façade des affiches autres que celles des spectacles, d'allumer des feux de paille et tirer des pétards. Elle avertit le chef du poste de tous les événements graves qui pourraient compromettre l'ordre public, tels que rassemblements, incendies, rixes, etc. La nuit, elle tire la sonnette dont le cordon est placé dans la guérite, fait avancer au mot de ralliement les rondes et patrouilles qui passent à portée d'elle ou qui rentrent à la caserne. Le jour, elle crie *hors la garde* chaque fois que le colonel se présente en tenue pour entrer ou sortir du quartier, et elle crie *aux armes* pour l'arrivée et le départ des officiers généraux, et de M. le préfet de police, lorsqu'ils viennent visiter la caserne ;

22° La garde de police ne rend point d'honneurs hors la caserne.

ART. 136.

Les tambours commandés de garde assistent à la parade et se rendent après le défilé à l'endroit où le poste doit se réunir, à moins qu'il ne soit fourni par la caserne, dans ce cas ils l'accompagnent. Les trompettes ne montent la garde qu'au quartier, et ils ne peuvent se faire remplacer que pour des motifs urgents et en se conformant au paragraphe 5 de l'article 126. Ceux qui jouent dans les théâtres peuvent se faire remplacer dans leur service à partir de 4 heures seulement. Les uns et les autres lorsqu'ils sont punis de la salle de police payent leur service de garde à ceux qui sont désignés pour les remplacer. Tambours et trompettes de garde.

ART. 137.

Le service des patrouilles s'étend sur les quarante-huit quartiers qui composent les douze arrondissements de Paris, il se divise en patrouilles de sûreté fournies par les casernes et les postes, et en patrouilles armées rentrant des théâtres, bals ou soirées. Service des patrouilles.

Les patrouilles de sûreté d'infanterie sont armées du sabre seulement sous la capote ou le manteau suivant la saison et coiffe sur le shakos ; chacune de ces patrouilles, infanterie et cavalerie, sont ordinairement composées d'un maréchal des logis ou brigadiers et deux gardes, ou de trois gardes dont le plus ancien est chef de patrouille. Les patrouilles rentrant des théâtres sont composées d'un maréchal des logis ou brigadier et quatre gardes ou de quatre à cinq gardes, dont le plus ancien est chef de patrouille.

Chaque fois que les patrouilles de sûreté sont dans le quartier qu'elles doivent explorer, elles marchent au pas ordinaire en longeant les maisons à droite et à gauche et le chef marchant derrière à dix ou douze pas de la même manière. Pour l'aller et le retour elles marchent au pas accéléré. Les patrouilles de cavaliers à pied marchent au pas et l'arme sur l'épaule droite ; les patrouilles à cheval marchent constamment un pas réglé ; celles d'infanterie en armes marchent réunies, en silence et au pas ordinaire, l'arme au bras.

La durée d'exploration des patrouilles de sûreté est fixée sur l'itinéraire qui indique les rues qui circonscrivent le quartier, son numéro, celui de l'arrondissement, et l'adresse du commissaire de police du quartier à explorer, ainsi que les postes où les chefs doivent faire signer cet itinéraire.

Le parcours des patrouilles rentrant des théâtres et bals est déterminé sur les itinéraires par les soins de l'adjudant qui doit combiner ce service de manière à faire rentrer ces patrouilles par des chemins différents.

Les chefs de patrouilles appelés à surveiller les quartiers limitrophes des murs d'enceinte, se portent dans les rues qui aboutissent aux barrières, afin de prévenir ou réprimer les attaques ou querelles qui produisent si souvent des résultats déplorables ; cette surveillance doit s'exercer principalement sur ces localités jusqu'à une heure du matin.

Enfin, les chefs de patrouilles doivent déployer une surveillance active et intelligente dans ce service, chercher par tous les moyens possibles à arrêter les malfaiteurs qui d'habitude exercent leur coupable industrie dans les ténèbres, et se conformer à la 3e section et à la 6e de l'Instruction municipale concernant les arrestations, les contraventions et la manière de faire les patrouilles.

Les patrouilles extraordinaires en cas de trouble, pour les brouillards épais, pour explorer les barrières les dimanches, lundis et jours de fêtes ; le service et défense des casernes en cas d'émeutes, la surveillance des baigneurs et des boulevards du nord, sont commandés ainsi qu'il est prescrit aux art. 58 et 59 de la présente instruction.

ART. 138.

Garde des théâtres. La garde des théâtres défile en tout temps à 3 heures 3/4 ; elle est inspectée par le capitaine de police, lorsqu'elle est composée de vingt hommes au moins ; dans le cas contraire, l'inspection en est faite par l'adjudant. Toutefois, si un officier supérieur se présente au moment du défilé, le capitaine de police en est prévenu et doit s'y trouver quel que soit le nombre des hommes présents. Après l'inspection, l'adjudant réunit en cercle les chefs de poste, leur donne le mot d'ordre et commande ensuite le défilé ; lorsque le mot d'ordre est changé, l'adjudant en donne avis au capitaine de police, et envoie le nouveau mot cacheté dans tous les établissements fournis par la caserne.

Service salarié. 1° Il n'y a qu'un seul tour pour tout le service salarié ; les hommes sont commandés à tour de rôle conformément aux articles 100, 101 et 132. La rétribution qui peut être exigée est fixée de la manière suivante :

	THÉATRES ET BALS		SOIRÉES PARTICULIÈRES.
	à pied	à cheval	à pied ou à cheval.
	fr. c.	fr. c.	fr. c.
Maréchal des logis	2 00	3 00	5 00
Brigadier	1 50	2 00	5 00
Garde	1 00	1 50	5 00

2° La rétribution des soirées particulières est ensuite faite par grade en suivant les proportions établies pour le service des théâtres et bals. Ainsi toutes les fois que les services sont payés au-dessus de la rétribution fixée, le maréchal des logis doit toucher le double du garde et le brigadier moitié en sus.

3° Lorsque les représentions des théâtres et bals finissent après minuit, la rétribution doit-être doublée, le chef du poste doit faire constater le fait, par le commissaire de police ou officier de paix de service;

4° Les sous-officiers et gardes se conforment, pour le service des théâtres, bals et soirées particulières, aux prescriptions contenues dans l'Instruction municipale relatives à ces services; toutefois ils rendent compte dans leur rapport, si dans les représentations, il se passe de la part des acteurs quelques mauvaises plaisanteries ou charge sur la garde municipale.

ART. 139.

Voitures dispensées de prendre la file dans toutes les cérémonies.

Les voitures des personnes ci-après désignées dans quelque, service que ce soit, sont exceptées des consignes, et peuvent circuler librement, savoir :

1° Les voitures de la cour et des princes;
2° Des ministres et maréchaux de France;
3° De l'Intendant général de la liste civile;
4° Du général commandant supérieur des palais royaux;
5° Du corps diplomatique et consuls;
6° Du chancelier de France président de la Chambre des pairs;
7° Du grand chancelier de la Légion d'honneur;
8° Du grand référendaire de la cour des pairs;
9° Du président de la Chambre des députés et de ses secrétaires;
10° Des préfets de la Seine et de police;
11° Des généraux commandant la division et la place de Paris;
12° Et de tous les équipages porteurs d'une carte émanée de M. le préfet de police, que les cochers doivent représenter à toute demande qui leur en est faite.

Tous les chefs de détachements et hommes de service doivent apporter beaucoup de politesse lorsqu'ils se mettent en rapport avec les personnes sus désignées pour s'assurer qu'elles sont bien celles qui ont droit d'user de l'exception indiquée.

MM. Les officiers, sous-officiers et brigadiers doivent avoir une copie du présent article.

CHAPITRE XVII.

INCENDIES.

ART. 140.

Mesures à prendre en cas d'incendie.

Dans toutes les casernes où il y a trois compagnies ou escadrons, il est désigné dans chaque compagnie ou escadron une section ou un peloton dont les hommes sont prévenus qu'ils sont les premiers à marcher dans le cas où un incendie éclaterait pendant la nuit, et lorsque cette section ou ce peloton a marché, il en est désigné d'autres et ainsi de suite, à tour de rôle. Il est également commandé, dans chaque compagnie et escadron, 4 hommes en armes dans ces mêmes sections pour marcher avec les travailleurs; les cavaliers sont à cheval. Un maréchal des logis et un brigadier d'infanterie par caserne marchent avec ces hommes armés : les compagnies d'infanterie alternent entre elles pour les fournir chaque jour.

Les escadrons alternent également pour fournir un brigadier à cheval; dans les casernes composées de deux escadrons, on ajoute un maréchal des logis à cheval au détachement.

ART. 141.

Aussitôt que le commandant de la garde de police est prévenu pendant la nuit qu'un incendie s'est manifesté, il va promptement en donner avis à l'adjudant et au capitaine de police. Celui-ci ordonne qu'un premier avertissement soit donné au moyen de trois coups de baguettes, et fait éveiller en même temps le lieutenant de piquet, ainsi que les sous-officiers et brigadiers de semaine, qui se hâtent de faire descendre les hommes de la section ou du peloton qui doivent marcher comme travailleurs et ceux commandés pour marcher en armes, sans avoir égard au service commandé pour le lendemain.

2° Lorsqu'un incendie se manifeste le jour, à partir de l'ouverture des portes de la caserne jusqu'à leur fermeture, le capitaine de police réunira les hommes présents à la caserne, et enverra des détachements de la force indiquée aux articles 140 et 147; mais il ne sera pas commandé d'hommes armés dans les compagnies et escadrons; les hommes du piquet de 24 heures marcheront avec les travailleurs, et si à 9 heures du soir ces hommes de piquet n'étaient point rentrés, on les ferait relever conformément à l'article 135, 19e paragraphe.

ART. 142.

Le lieutenant de piquet, après avoir pris les ordres du capitaine de police, se rend immédiatement sur le lieu du sinistre avec les hommes en armes et les travailleurs munis de seaux à incendie; et si la gravité du feu nécessite l'envoi d'un second détachement de travailleurs, il est commandé par le lieutenant de piquet supplémentaire.

ART. 143.

Ces dispositions préliminaires prises, le capitaine de police se conforme immédiatement à l'article 57, ou il reçoit des ordres pour mettre tout le monde sur pied, ou il lui parvient des renseignements d'après lesquels il peut augmenter le détachement armé et le nombre de travailleurs. Puis, s'il le juge utile, il se rend sur le lieu de l'incendie après avoir fait prévenir le capitaine qui marche après lui de le remplacer. Si l'incendie est grave, le capitaine de police en prévient l'officier supérieur commandant la caserne, qui se rend alors sur les lieux pour prendre la direction du service. Dans toutes les casernes les capitaines de police ne doivent jamais dégarnir entièrement la caserne; ils doivent y laisser toujours, savoir : dans les casernes de trois compagnies ou escadrons, 50 hommes, y compris la garde de police et le piquet, et 25 hommes dans celles de moins de trois compagnies ou escadrons.

ART 144.

Les chefs de détachement envoyés à un incendie doivent, aussitôt leur arrivée sur les lieux, détacher un homme afin de venir rendre compte au capitaine de police de la gravité du sinistre, alors celui-ci en donne avis immédiatement à l'état-major du corps. Cette mesure n'a pas lieu lorsqu'il s'agit d'un simple feu de cheminée ou d'un incendie qui ne présente aucun danger.

ART. 145.

Le chef de détachement le plus élevé en grade, ou à grade égal le plus ancien de ceux qui se trouvent réunis sur le lieu de l'incendie, prend la direction du service et envoie un sous-officier à l'état-major de la division et de la place, pour prévenir le capitaine de service qui s'y trouve.

ART. 146.

Les hommes en armes qui se trouvent à l'incendie sont exclusivement chargés de faire la police et de surveiller les objets qui sont déposés sur la voie publique. Les piquets des travailleurs sont exclusivement chargés de former la chaîne pour le transport de l'eau et d'aider à la manœuvre des pompes. Les hommes ne doivent jamais pénétrer dans les maisons pour déménager les meubles, sans en être formellement requis par les commissaires de police ou officiers de paix présents sur les lieux, ou les chefs des maisons incendiées.

ART. 147.

Dans les casernes composées de moins de trois compagnies ou escadrons on formera deux sections ou pelotons par compagnie ou escadron, qui alterneront pour ce service. Huit hommes en armes, commandés par un maréchal des logis ou brigadier, seront désignés pour marcher avec les travailleurs. Quatre cavaliers et un brigadier seront désignés pour monter à cheval. Aussitôt le premier détachement parti, le capitaine de police fera prévenir le premier officier à marcher dans le cas où il faudrait un second détachement.

ART. 148.

Dans toutes les casernes on exempte de marcher les hommes qui reviennent des théâtres, bals et soirés, ainsi que les brigadiers d'ordinaire et les plantons de cuisine. Les hommes commandés pour monter la garde le lendemain, sont renvoyés du lieu de l'incendie aussitôt que l'on peut se passer d'eux, et avec avis de les faire remplacer si le service l'exige.

ART. 149.

Seaux à incendie.

Les seaux à incendie sont laissés sur les lieux, réunis autant que possible dans un seul emplacement. Les officiers de casernement en font connaître immédiatement le nombre à M. le commandant des sapeurs-pompiers, et ils sont rendus le lendemain aux gardes chargés de les réclamer, sur un bon de ces officiers dont ils sont porteurs.

ART. 150.

Rapport des chefs de détachements. Blessures.

1° MM. les officiers de service signalent avec soin sur leur rapport les hommes qui se sont distingués le plus particulièrement par leur zèle, leur dévouement et leur intelligence, et ceux qui reçoivent des blessures; après le renvoi des détachements, s'ils sont obligés de laisser des hommes sur les lieux du sinistre, ils en font également mention. Ils indiquent sur ce rapport l'heure de leur arrivée et de leur départ, les causes du sinistre, les accidents survenus, et la perte approximative des propriétaires. Ces rapports sont envoyés à l'état-major aussitôt la rentrée des détachements;

Effets détériorés.

2° Les hommes qui auront des effets de toute nature détériorés dans ce service, devront les présenter au chef du détachement, qui leur délivrera dans les 24 heures un certificat constatant les dégradations.

CHAPITRE XVIII.

ORDRE INTÉRIEUR DES CASERNES ET CHAMBRÉES.

ART. 151.

Ordre intérieur des casernes.

MM. les capitaines de police, officiers de semaine, adjudants et sous-officiers de garde à la police et de planton, veillent à l'exécution des dispositions suivantes :

Balayage des casernes.

1° Que le balayage des cours, corridors et escaliers soit, autant que possible, terminé avant l'inspection des chambres, et que celui des abords et pourtours des casernes soit terminé de 6 à 7 heures du matin du 1re avril au 30 septembre, et de 7 à 8 heures du 1er octobre au 31 mars. Défense de déposer des ordures sur la voie publique, passé les heures désignées ci-dessus. Le balayage doit être exécuté à partir des murs ou bâtiments des casernes jusqu'au milieu de la chaussée. Les immondices doivent être relevées en tas et placées entre les bornes dans les rues sans trottoirs, et le long des ruisseaux du côté de la chaussée pour les rues à trottoirs à chaussée bombée; enfin pour celles à trottoirs à chaussée fendue, les immondices sont placées le long des trottoirs. L'hiver on doit faire casser la glace et la relever avec la neige de la même manière. Les hommes de peine qui mettent de la négligence dans ce service doivent être immédiatement renvoyés et remplacés;

2° Qu'il n'existe dans les casernes ni chiens, ni volailles;

Éclairage.

3° Que l'éclairage des cours, corridors, chambrées et écuries se continue pendant toute la nuit. MM. les capitaines de police signalent sur leur rapport les négligences qui se commettent dans ce service;

4° Qu'aucun militaire ne paraisse dans les cours sans être complètement vêtu d'effets d'uniforme ;

5° Que les hommes ne fassent point d'ordures auprès des baquets disposés dans chaque caserne pour uriner. Ces baquets doivent être goudronnés à leur surface intérieure, conformément à la note ministérielle du 2e semestre 1840, page 549;

6° Qu'il ne soit point versé d'urine ni d'eau dans les plombs lorsqu'ils sont gelés : les ménages qui contreviennent à cet ordre sont signalés au colonel.

ART. 152.

Les enfants sont envoyés à l'école.

MM. les commandants de compagnie tiennent la main à ce que tous les enfants au-dessus de 5 ans, logeant dans les casernes, soient envoyés à l'école, et à ce qu'aucun militaire ou étranger ne couche à la caserne sans l'autorisation du commandant de la compagnie, pour un seul jour, et du colonel, pour un laps de temps plus considérable.

ART. 153.

Officier de casernement.

MM. les officiers de casernement rendent compte, par un rapport, des travaux de toute espèce, commencés ou en cours d'exécution, dans les casernes, le nombre d'ouvriers employés, et leur opinion sur la manière dont ces travaux sont exécutés, même pour les logements d'officiers. (Voir l'article 149 relatif aux seaux à incendie.) Ils adressent tous les mois à M. le major un état des réparations faites et à faire; dans le cas de réparations urgentes MM. les officiers de casernement sont autorisés à s'adresser directement à l'architecte et en rendent compte à M. le major.

ART. 154.

Ordre intérieur des chambrées.

On observe dans chaque compagnie et escadron, pour l'ordre intérieur et la propreté des chambrées, les règles suivantes :

1° On veille à ce que les légumes ne soient point placés dans les chambres, que les lits soient espacés convenablement, qu'ils ne touchent point aux murs, et, autant que possible, ne soient point accolés deux à deux;

2° Qu'aucun militaire ne se serve de vase de nuit dans les chambres;

Couvertures.

3° Que les couvertures soient battues tous les samedis, et surtout qu'elles ne le soient qu'avec des baguettes en bois;

4° Que les cuillers et fourchettes soient placées dans des tringles en bois d'uniforme au-dessous des planches à pain;

5° Que dans chaque chambrée il existe un gobelet en métal dans lequel les hommes doivent boire;

Tables.

6° Que les tables des chambrées ne soient nettoyées, du côté qui sert pour les repas, autrement qu'avec une brosse dure et du savon noir, et du côté opposé avec du papier de verre. Défense de les passer aux grès, ni de les laver à grandes eaux; les chambres ne doivent également jamais être lavées à grandes eaux;

7° Défense aux brigadiers et gardes de nettoyer leurs effets d'habillement, équipement, etc., dans les chambres après l'appel du soir sans une nécessité absolue et reconnue; ce travail troublant le repos des hommes soigneux et prévoyants.

ART. 155.

Cartons de chapeaux shakos et épaulettes.

Les cartons de chapeaux, shakos et épaulettes sont de même modèle dans toutes les compagnies La couleur des écussons et des bordures doit-être aurore; la grandeur des lettres pour les grands écussons et étiquettes des lits doit être conforme aux dimensions adoptées par le corps.

ART. 156.

Placement des effets dans les chambrées de la cavalerie. Première planche.

Règle générale, le pliage des effets sera réglé sur la longueur du porte-manteau.

1° On place sur la première planche le pantalon de daim retourné et plié en rapportant un côté sur l'autre, le pont en dedans, les coutures des côtés réunies, le plier ensuite dans sa longueur sur celle du porte-manteau, rentrant le derrière de la ceinture pour qu'il soit carré, et le placer, le fond en arrière, sur la planche;

2° Le pantalon bleu collant retourné, plié et placé de même;

3° Le pantalon bleu large plié de la même manière;

4° Les pantalons blancs pliés de la même manière ainsi que les pantalons gris lorsqu'ils devront figurer sur la planche, mais sans être retournés;

5° Les gants à la crispin placés à chaque extrémité du paquetage, le boutdes doitgs se regardant, le dessus du crispin en avant;

6° Les petits gants, les doigts en arrière, l'entrée en avant;

7° L'habit de grande tenue plié ainsi qu'il suit: l'étendre sur le lit, relever les manches les pliant sur elles-mêmes à la hauteur de la taille, ramener un côté de la poitrine sur l'autre, les basques placées l'une sur l'autre, replier les basques sur elles-mêmes du côté du cran de la taille et de manière que l'habit soit à la longueur du porte-manteau; placer le plastron plié sur lui-même, la doublure en dedans, entre les deux basques; le placer sur les pantalons la poitrine en arrière, le collet tourné du côté opposé à l'entrée de la chambre;

8° L'aiguillette de petite tenue et le plumet;

9° Le surtout plié et placé de la même manière que l'habit;

10° La veste d'écurie pliée ainsi qu'il suit: l'étendre sur le lit comme l'habit, relever les manches de même, ramener les deux poitrines de manière que les boutons et boutonnières se joignent sur le milieu du dos; la replier en deux, les poitrines l'une sur l'autre, et la placer de même;

11° Le porte-manteau contenant les chemises, chaussettes, bonnets de coton ou serre-têtes, la trousse, les cols, le livret, la patience et les brosses;

12° Le bonnet de police posé à plat sur le porte-manteau, de manière à ce que la grenade soit vue, le gland tombant en avant, la coiffe tournée du côté du collet de l'habit;

Sur la deuxième planche.

13° La housse pliée sur elle-même dans sa longueur, la doublure en dehors, la placer ainsi, le bas en avant, lorsque les planches le permettent, afin de ne pas fatiguer les cuirs qui la garnissent; dans le cas contraire, plier les devants à la hauteur de l'entre-jambe, les ramenant dessus; faire de même avec le derrière et la placer dans son travers;

14° Les chaperons à plat, la doublure en dessus;

15° Le manteau plié comme il sera indiqué plus loin, le rouge en dessous pour les jours ordinaires et en dessus pour les inspections et visites de chambre par les officiers supérieurs;

16° Le casque sur un champignon mobile et à vis, à droite du manteau, le porte-plumet en dehors;

17° Le chapeau dans son étui, à gauche du manteau;

18° Les petites bottes derrière la tête du lit;

19° Nul autre effet ne devra être mis dans ce paquetage, ni dessous, ni derrière, les malles étant destinées à recevoir les effets supplémentaires, et ceux qui ne sont pas d'ordonnance, et les gardes ayant une musette placée derrière la tête du lit pour renfermer les ustensiles de propreté, ainsi que la musette renfermant les effets du pansage; le bridon est placé entre ces deux musettes et les sabots sous la tête du lit;

20° Il est bien entendu que l'effet dont le garde est vêtu lors de l'inspection ne sera pas remplacé sur les planches. Les housses et chaperons sont exceptés de cette mesure. Ils figureront en double lorsque les gardes en seront pourvus de deux paires;

21° Tous les samedis, après le nettoyage général, les planches sont essuyées et lavées si cela est nécessaire, avant d'y replacer les effets qui sont entièrement couverts d'une toile verte qui n'est retirée que pour les revues des chambres. Lorsque l'ordre de la retirer en est donné, elle est pliée en plusieurs doubles et placée sur les effets de manière à ne point les déborder.

Art. 157.

Porte-manteau garni en petite et grande tenue.

Les effets qui doivent entrer dans le porte-manteau lorsque l'homme est en petite tenue, sont:

1° Le pantalon bleu large, celui de peau, le pantalon gris, deux chemises, un col, le plumet, les gants à la crispin, la trousse, deux mouchoirs, deux serre-têtes, deux paires de chaussettes, la veste d'écurie sous la patte du porte-manteau, ainsi que le bonnet de police ; le livret dans le couvercle du porte-manteau ;

2° Lorsque l'homme est en grande tenue, on y place le pantalon bleu large, le collant, les pantalons de coutil blanc et gris, une paire de petits gants, les chemises, mouchoirs, cols, serre-têtes, trousse, chaussettes et veste comme il est prescrit pour la petite tenue.

En cas d'insuffisance y placer soit des pantalons gris, soit des effets de linge et chaussure ;

Paquetage des effets dans le porte-manteau.

3° Les pantalons retournés, pliés sur eux-mêmes de la largeur du porte-manteau, seront bien étendus dans le fond dans l'ordre désigné ci-dessus ; les autres effets ou objets seront placés et répartis également dans le porte-manteau et dans les bouts ; le bonnet de police sera placé en long entre la patte et le porte-manteau, la grenade du côté des boucles ;

Manière de plier le manteau.

4° Ramener les deux côtés l'un sur l'autre, les doublures en dehors, faisant sortir le grand collet de l'intérieur le long du petit collet, l'étendre sur une table, ramener le petit collet sur la doublure en faisant un pli sur toute la hauteur du manteau, ramener le bas sur le haut, ajuster ces deux plis de manière que le manteau se trouve en largeur plus long d'environ 5 centimètres que le porte-manteau dans sa longueur. Plier les doublures sur lui de manière qu'elles forment portefeuille, ramener en même temps le grand collet ; l'étendre par plis à peu près égaux sur la largeur que l'on donne à son manteau, ramener le bas en le pliant en quatre ou cinq parties que l'on aplatit et que l'on fait entrer dans le premier pli dit portefeuille formé par la doublure ; frapper le manteau avec les deux mains et ajuster les plis des côtés ;

Manière de charger les effets sur le cheval.

5° Etendre les courroies sur la croupe du cheval, plaçant en croix celles de côté et celle du milieu par dessus ; placer le porte-manteau sur le coussinet de manière que le devant relève d'environ trois centimètres, boucler la courroie du milieu, la serrer fortement pour bien fixer le porte-manteau à la selle, et placer la boucle de façon que le rouleau se trouve à hauteur des angles extérieurs et supérieurs du porte-manteau ; introduire le bout de cette courroie dans son passant, achever de la tirer et l'étendre le long du porte-manteau : cette courroie doit le partager également ; le fixer ensuite avec les courroies de côté qui doivent avoir une égale distance entre elles et les bouts du porte-manteau, qui doit être divisé en trois parties bien égales ; les rouleaux de ces boucles sont ajustés sur celui du milieu et sur la ligne des angles supérieurs du porte-manteau ;

Manière de placer le manteau.

6° Placer le manteau sur le porte-manteau et en arrière d'environ 5 centimètres, l'y assujétir avec les deux courroies de côté, après s'être assuré que le manteau est bien également placé dessus ; les rouleaux des boucles doivent se trouver à hauteur du bord extérieur de la doublure, et les courroies avoir deux trous de libres entre les deux rouleaux. Introduire le bout des courroies dans leur passant, les tirer de manière qu'elles soient sur leur plat et les engager ensuite en dedans des courroies et de la charge.

Art. 158.

Placement des effets dans les chambres de l'infanterie.

Le placement des effets sur les planches dans les chambres de l'infanterie est réglé sur la longueur de la veste ;

Sur la première planche.

1° On place sur la première planche la capote pliée en deux, les manches se joignant et faisant un pli du côté des revers depuis leur échancrure jusqu'au bas des basques et un autre depuis le bas de la taille, de sorte que la capote forme un carré long, la plier ensuite dans la longueur de la veste et la placer le dos en arrière ;

2° Le pantalon de drap plié comme il est indiqué au paragraphe premier de l'article 156, mais de la longueur de la veste ;

3° Les pantalons blancs et gris pliés de la même manière s'ils doivent figurer au paquetage ;

4° L'habit de grande tenue plié comme il est prescrit au paragraphe 7 de l'article 156 ;

5° Le surtout plié de la même manière que l'habit ;

6° La veste pliée comme il est prescrit au paragraphe 10 du même article 156 ;

7° Le bonnet de police posé sur la veste, comme il est indiqué au paragraphe 12 du même article ;

8° Le havre-sac sur la même planche à côté et à droite des effets ;

Sur la deuxième planche.

9° On place sur la seconde planche le chapeau dans son étui portant sur le cintre du carton l'ouverture en avant avec le nom de l'homme dessus;

10° Le shakos également dans son étui avec le nom du militaire et placé sur le calot, la visière en l'air. Les shakos des hommes de piquet sont en dehors de l'étui et placés sur la première planche de la même manière ;

11° Le shakos est placé le premier en entrant dans la chambre, le chapeau ensuite et le carton d'épaulettes après;

12° On se conforme exactement pour le reste aux paragraphes 18, 19, 20 et 21 de l'article 156 déjà cité.

Art. 159.

Paquetage du hâvre-sac.

Lorsque l'ordre est donné de paqueter le havre-sac, les effets suivants y sont placés dans l'ordre qui suit :

1° Deux chemises roulées de la longueur du sac et très-serrées; un pantalon blanc et un gris pliés également de la longueur du sac, deux mouchoirs de poche, un col avec six rabats, une trousse garnie, une paire de gants, une brosse à boutons, une patience placée verticalement, un martinet, une brosse à habit, un peigne, le livret placé entre les effets et la partie du sac du côté de la patelette, le bonnet de police sous la patelette et le couvre-giberne sur le bonnet ;

Manière d'ajuster le hâvre-sac.

2° Le havre-sac doit toujours être à la hauteur des épaules et coller sur le dos, les bretelles bien égales afin que le sac reste continuellement droit et perpendiculaire ; les contre-sanglons doivent être bouclés de manière que le couvercle ou patelette soit tendu également et ne baille d'aucun côté ;

La fausse capote ne doit jamais déborder les côtés latéraux du sac ; les courroies qui la maintiennent doivent être serrées de manière à ce qu'elle ne balotte point ; elles doivent être bouclées près du sac, du côté du dos ; à cet effet elles sont introduites dans leurs passants ainsi qu'il suit :

La grande courroie étant bouclée à hautenr de la naissance des bretelles, la laisser tomber sur le derrière du havre-sac et introduire le bout dans le passant du contre-sanglon du milieu de la pattelette et ensuite dans le sien propre;

Les deux petites courroies, après avoir été bouclées à hauteur de la grande, on introduit le bout dans leur passant, et la partie qui se trouve rester est placée entre le dos de l'homme et le sac auquel il est assujetti par un petit passant qui y est adapté; ces deux courroies sont toujours placées à une distance égale de la grande;

La partie inférieure du havre-sac doit toujours être à environ 16 centimètres de distance de la partie supérieure de la giberne;

Manière de rouler la capote en sautoir.

3° La capote ne devant point être roulée pour être placée sur le sac, attendu les détériorations qui en résultent, on se conformera pour la rouler en sautoir aux dispositions suivantes :

Retourner les poches, étendre la capote sur une table, la doublure en dessous, ajuster les pans de manière qu'ils soient croisés par derrière de couture à couture;

Retrousser les bas de la jupe de façon à obtenir un pli cintré de 5 à 6 centimètres à chaque extrémité;

Plier la partie supérieure à hauteur du dernier bouton des devants en l'amenant sur la partie inférieure, la doublure en dessus, étendre les manches de manière que les bouts des parements viennent aboutir vis-à-vis et à environ 19 centimètres de l'angle formé par chacun des coins du grand pli;

Se mettre à trois et rouler la capote aussi serrée que possible en partant de la taille; plier ensuite les deux bouts sur eux-mêmes à une distance égale d'environ 16 centimètres, les ramener l'un à côté de l'autre en faisant en même temps avec le talon de la main une pression au milieu du rouleau, attacher avec une courroie les deux extrémités à environ 8 centimètres de l'extrémité formée par la réunion des deux bouts; placer la boucle de manière qu'elle se trouve en dedans et que le pli du drap se trouve en dessus et dirigé vers la terre lorsque la capote est placée sur le corps de l'homme;

Passer la tête ainsi que le bras droit dans le rouleau et le placer de manière que son milieu porte sur l'épaule gauche et que son extrémité soit au-dessus de la hanche droite;

Ordre dans lequel les effets doivent être placés sur les lits, pour les revues d'habillement.

4° Lorsque l'ordre est donné de mettre les effets sur les lits pour une revue d'habillement, équipement ou de linge et chaussure, ils sont placés de la manière suivante et conformément au tableau annexé à cette instruction : 1° le lit, 2° le havre-sac (la cavalerie le remplace par le porte manteau, les housses et chaperons placés sous le porte manteau), 3° habit, surtout, veste ou capotte, 4° chapeau ou bonnet de police, 5° toile verte, 6° pantalons de drap et d'été, 7° schakos, casque ou bonnet de police, 8° instruction municipale, formulaire et livret, 9° pompon ou plumet, 10° martinet, 11° brosse grasse, 12° brosse double pour souliers, 13° brosse à reluire, 14° boîte à cirage, 15° brosse à boutons, 16° patience, 17° boîte à graisse, 18° brosse à habit, 19° épaulettes de grande tenue, 20° trousse garnie, 21° épaulettes de petite tenue, 22° nécessaire d'armes, 23° cols, 24° tire-balle, 25° rabats de cols, 26° mouchoirs de poche, 27° chemises et caleçons, 28° gants, 29° les bottes sous le pied du lit, à droite et à gauche de la malle.

Les effets doivent représenter le numéro matricule et le millésime du côté de la personne qui passe l'inspection, c'est-à-dire de manière à ce que cette personne étant placée au pied du lit, elle puisse les lire dans leur ordre naturel.

Le côté gauche et le côté droit du lit sont désignés en se plaçant au pied et face à la tête du lit.

Le chapitre 18 doit être affiché dans chaque compagnie et escadron en ce qui concerne chaque arme.

CHAPITRE XIX.

DISTRIBUTIONS DU PAIN, DU BOIS, DU FOURRAGE ET DES LIQUIDES.

ART. 160.

Règles générales. MM. les capitaines chargés des distributions ne doivent se dessaisir du bon général acquitté par eux que lorsque ces distributions sont terminées ;

2° Les distributions de pain et chauffage sont faites par les soins des capitaines de police. Celles de vin ou autre liquide le sont par les commandants de compagnie. Ces deux dernières distributionsne peuvent être ordonnées que par le colonel ou sur un ordre de M. le Préfet de police;

3° MM. les capitaines de cavalerie roulent entre eux pour les distributions de fourrage. Ils sont désignés pour deux distributions par le capitaine adjudant-major chargé du service ;

4° Lorsqu'un capitaine de police se trouve être obligé d'assister à plusieurs distributions le même jour, il se rend de préférence à celle du fourrage pour le capitaine de cavalerie, et du bois pour le capitaine d'infanterie, et se fait remplacer pour les autres par les plus anciens lieutenants de semaine ;

5° Le capitaine de distribution de fourrage en rend compte par un rapport direct, conforme au modèle adopté, au colonel, au lieutenant-colonel de l'arme et au major. Il indique l'heure à laquelle a commencé et fini la distribution ; les distributions de pain, de bois, de liquides et autres, sont mentionnées sur le rapport du capitaine de police.

ART. 161.

MM. les capitaines de police se conforment aux dispositions suivantes:

Distribution de pain. 1° Ils prennent au hasard dans la voiture un pain qu'ils coupent, afin d'examiner la qualité, le degrés de cuisson et la manière dont il est manutentionné ;

2° Ils font ensuite faire plusieurs pesées pour s'assurer que tous les pains ont le poids voulu. Dans le cas contraire ils en font apporter le supplément ;

3° Si, sous le rapport de la qualité et des prescriptions détaillées à l'article du cahier des charges, le pain ne réunit pas les conditions du marché; ils refusent la distribution et en font informer le commandant de la compagnie à laquelle le pain refusé appartient. Celui-ci dresse procès-verbal et l'adresse au colonel. Il fait prendre chez un boulanger voisin le montant de la distribution au compte du fournisseur ;

4° Dans le cas où le pain refusé appartiendrait à toutes les compagnies d'une caserne, le capitaine de police seul rédige le procès-verbal.

ART. 162.

MM. les capitaines de police chargés des distributions du bois de chauffage doivent tenir sévèrement la main aux clauses du cahier des charges. Distribution de bois.

ART. 163.

Le capitaine de police se rend au chantier accompagné des fourriers et des hommes de corvée nécessaires pour chaque compagnie ou escadron.

2° A son arrivée chaque fourrier lui remet une note signée du commandant de compagnie, présentant le détail et le montant du bois à recevoir;

3° Après qu'il s'est assuré qu'il y a suffisamment de voitures, il fait commencer la distribution, en surveille l'ensemble, examine si le bois est conforme aux conditions du marché et recommande cette surveillance aux fourriers, ainsi qu'aux hommes de corvée qu'il a eu soin de faire placer en face des ouvriers chargés du mesurage, afin d'empêcher la fraude dans la manière de mesurer et l'introduction de bois tortillard ou de mauvaise qualité;

4° Les voitures chargées, les fourriers et les hommes de corvée les escortent sans les quitter jusqu'à la caserne, et à leur arrivée, chaque fourrier va prévenir l'officier de semaine et envoie chercher le brigadier d'ordinaire pour procéder à la répartition du bois pour les chambrées et la cuisine. L'officier veille à l'exactitude de la répartition et en rend compte au commandant de la compagnie;

5° Après avoir remis aux sous-officiers le bois qui leur revient, la quantité à laquelle ont droit les chambrées leur est livrée pour 15 jours; cependant les commandants de compagnie auront la latitude suivant la rigueur de la saison, d'en faire la répartition à des époques plus rapprochées. Celle destinée pour la cuisine est remise au brigadier d'ordinaire qui en devient responsable et la fait mettre de suite au magasin;

6° Les brigadiers et gardes mariés logeant dans les casernes en ménage reçoivent la ration de bois dans la même proportion que les hommes réunis en chambrées. Les cantiniers et blanchisseurs sont exclus de cette disposition; Bois des sous-officiers et gardes mariés.

7° Le bois revenant aux sous-officiers, brigadiers et gardes mariés logeant en ville, n'est distribué au chantier que les 10 et 25 de chaque mois;

8° Le bois des subsistants est perçu les jours de distribution par les compagnies qui les nourrissent.

ART. 164.

Le capitaine de distribution se rend au jour et heure indiqués au magasin à fourrage, porteur d'un bon détaillé, ainsi que d'une note de chaque escadron, indiquant la quantité de fourrage à emporter et celle à laisser pour les postes du corps, et se conforme aux dispositions suivantes. Distribution de fourrage.

1° Il vérifie en présence de l'officier de semaine, du fourrier, du brigadier de petite semaine et du garde de corvée de chaque escadron qui doivent se trouver à la distribution la qualité du foin et de la paille, fait faire, de chaque une pesée de 10 bottes, afin de s'assurer quelles sont du poids de 5 kilogram. chaque. Dans le cas contraire il fait ajouter le supplément et en rend compte dans ses rapports. Il fait renouveler ces pesées plusieurs fois pendant la distribution afin de se convaincre que la manutention est bien égale. Il s'assure que l'avoine est propre, saine et sèche et qu'elle a le poids voulu. Il fait ajouter à la pesée la tare des sacs qui est d'un kilo et demi, terme moyen;

2° Il veille à ce que chaque fourrier remette à l'officier de semaine, une copie signée par lui, du carnet de détail des rations de toute nature à recevoir et de celles à laisser entre les mains du fournisseur pour l'approvisionnement des postes, cette copie signée par lui est remise au capitaine de distribution, ce carnet est coté et paraphé par le commandant de l'escadron. L'officier de distribution appose son visa au bas du détail de chaque distribution;

3° Si le fourrage n'est pas conforme aux conditions du marché, dont le capitaine de distribution a la copie, il se conforme aux dispositions du cahier des charges et se rend de suite chez M. le major qui fait toutes les démarches nécessaires;

4° Les voitures étant chargées, le capitaine donne l'ordre qu'elles soient escortées jusqu'à destination, par le fourrier, le brigadier et le garde qui assistaient à la distribution, et attend où se trouve de nouveau au magasin pour renouveler ses opérations lors du retour des voitures pour la distribution des autres escadrons;

5° A l'arrivée des voitures de fourrage dans les casernes, les trois hommes qui les escortent et le maréchal des logis de semaine assistent à son emmagasinement; ce dernier rend ensuite compte à l'officier de semaine du nombre de sacs d'avoine, de bottes de foin et de paille qui sont entrés au magasin. Cet officier en informe le commandant de l'escadron.

ART. 165.

Il est défendu aux hommes de service d'emporter du fourrage sans qu'il soit retenu dans un filet. Chaque escadron doit en être pourvu pour cet usage.

CHAPITRE XX.

ORDINAIRES, PENSIONS, CANTINES ET CUISINES.

ART. 166.

Ordinaire des compagnies et escadrons.

MM. les commandants de compagnie et d'escadron, capitaines de police, ainsi que les lieutenants chargés de la surveillance des ordinaires, veillent chacun en ce qui le concerne à l'exécution des règles établies ci-après :

Versements à l'ordinaire.

1° Il est prélevé sur la solde des brigadiers et gardes des deux armes une somme de 50 centimes par homme et par jour pour subvenir aux dépenses de l'ordinaire;

2° Les ouvriers civils, travaillant dans les ateliers du corps, les palefreniers, les balayeurs des casernes et autres personnes autorisées à vivre à l'ordinaire, y versent une somme de 60 c. par jour.

ART. 167.

Les versements au cahier d'ordinaire ont lieu comme la solde tous les dix jours, tant pour les sommes prélevées conformément au paragraphe 1 et 2 ci-dessus, que pour les retenues faites aux hommes punis, permissionaires et travailleurs.

ART. 168.

Masse des fumiers.

Il est prélevé sur la masse des fumiers dans les escadrons une somme de

65 francs qui est versée à la fin de chaque mois à l'ordinaire, en raison des charges qui pèsent sur l'ordinaire pour l'entretien du harnachement.

La réduction de 5 pour 100 sur le prix du pain de soupe est l'objet d'un versement particulier sur le livre d'ordinaire.

ART. 169.

Dépenses au compte de l'ordinaire.

Les dépenses qui peuvent être portées au cahier d'ordinaire sont :

1° Celles autorisées par les règlements ;

2° Une cuisinière et un aide de cuisine vivant gratis à l'ordinaire et recevant chacun 1 fr. par jour ;

3° Le frater à raison de 10 c. par homme et par mois ;

4° Les carreaux cassés inconnus, les achats de sacs à pain, éponge, teinture de galons de distinction ;

5° Le blanc, le cirage et la graisse pour l'entretien des cuirs, et le cirage pour l'entretien des harnais ;

6° Le blanchissage d'une chemise et d'un mouchoir par semaine et par homme ;

7° L'achat des tabliers de cuisine, torchons, et des ustensiles et leur entretien ;

8° L'achat des gamelles en fer battu étamé pour porter la soupe dans les postes, et leur étamage ;

9° Enfin les menues dépenses d'utilité générale non prévues par le présent article, mais seulement lorsqu'elles ont été demandées d'avance au rapport, et autorisées par le colonnel commandant.

ART. 170.

Achat des denrées pour l'ordinaire.

Dans tous les achats les chefs d'ordinaire sont constamment accompagnés par des hommes de corvée qui doivent être libres d'acheter où bon leur semble et de débattre les prix, attendu qu'ils sont en quelque sorte responsables de la bonne qualité et du prix des denrées. Cependant les chefs d'ordinaire qui ont plus d'expérience peuvent leur indiquer les marchands et les marchés les mieux approvisionnés et leur faire au besoin les représentations convenables. Les légumes et autres articles achetés à la halle doivent être portés en dépense le jour même de leur achat et non en les divisant en détail au fur et à mesure qu'on les emploie. On indique la quantité de litres ou décalitres, bottes etc., et on porte sur une ligne séparée le coût du transport. Les hommes de corvée signent les dépenses sur le livre d'ordinaire à leur retour au quartier.

ART. 171.

Brigadiers d'ordinaire.

Les brigadiers tiennent l'ordinaire à tour de rôle pendant 6 mois. Lorsqu'un commandant de compagnie ou d'escadron juge nécessaire de ne pas donner ou de retirer la gestion de l'ordinaire à un brigadier, pour tel motif que ce soit, il le fait remplacer et en rend compte au colonel, les brigadiers d'ordinaire ne montent la garde qu'à la police.

ART. 172.

Police des cuisines.

Les brigadiers d'ordinaire alternent entre eux dans chaque caserne pour se rendre le matin à la cuisine et procéder à la mise de la viande dans chaque marmitte. Ils sont toujours présents au moment de la distribution des vivres, et veillent concuremment avec le brigadier de garde à la police :

1° Qu'aucun homme, sous-officiers ou autres, soit qu'il loge en ville ou à la caserne, qu'il mange dans son ménage ou en chambrées, ne prenne ses repas avant l'heure fixée ;

2° Que les hommes de garde à la police ne se présentent à la cuisine qu'à la descente de leur garde, comme ceux des autres postes ;

3° Que les bidons dont il est fait usage par quelques hommes, ou par les cuisinières, porteurs, etc., ne dépassent pas la dimension de la contenance d'une portion ;

4° Que les cuisinières ne versent point d'eau froide dans les marmittes lorsqu'elles y font bouillir de la graisse, et qu'elles ne fendent point le bois dans les cuisines;

5° Enfin que les plantons veillent à la propreté des ustensiles de cuisine et à leur arrangement. Qu'ils soient présents à l'ouverture de la cuisine à trois heures du matin et ne la quittent qu'à cinq heures du soir ;

6° Que sous aucun prétexte ils ne s'absentent de la cuisine ;

7° Que les gardes ne viennent point se laver aux cuisines, ni prendre de l'eau au bain-marie, excepté pour les besoins des hommes ou chevaux malades, et à ce que le bois destiné à la cuisson des aliments ne soit point emporté dans les chambres ;

8° Que tous les samedis au soir les chaudières du bain-marie soient nettoyée et vidée à fond.

ART. 173.

Chaque fois que des hommes pour un motif quelconque doivent prendre leur repas avant l'heure fixée, l'ordre en est donné et les brigadiers de semaine ont la liste de ces hommes et veillent à ce qu'aucun autre ne s'introduise à la cuisine.

Les hommes qui sortent le matin des casernes pour un service de plusieurs heures doivent manger la soupe avant le départ.

ART. 174.

Tous les brigadiers et gardes sont tenus de vivre à l'ordinaire, excepté ceux mariés autorisés à loger en ville ou au quartier avec leur ménage, et nul autre que ceux logés en ville, ne doit sortir son manger de la caserne, sans une autorisation spéciale. Le maréchal des logis de planton à la porte est responsable de cette dernière disposition.

ART. 175.

Vérification des recettes et dépenses de de l'ordinaire.

L'officier chargé de la surveillance de l'ordinaire, vérifie sur les registres de la compagnie, les retenues faites aux travailleurs, permissionnaires, hommes punis, lesquelles sont fixées par les art. 212 et 226.

ART. 176.

Il s'assure que toutes les recettes et dépenses sont exactement portées, interroge les hommes de corvées, et veille enfin à ce que la gestion de l'ordinaire ne laisse rien à désirer.

ART. 177.

MM. les chefs d'escadrons vérifient souvent le livre d'ordinaier.

ART. 178.

Pension des sous-officiers.

Les sous-officiers vivent en pension à la cantine, ou font ordinaire ensemble par caserne ou enfin vivent à l'ordinaire des compagnies ou escadrons lorsque le nombre des sous-officiers n'est pas assez considérable pour pouvoir se réunir, dans ce cas, ils versent 60 cent. par jour. Ceux mariés et logés dans les casernes sont seuls dispensés de vivre avec leurs camarades.

ART. 179.

Les sous-officiers réunis en pension ne peuvent verser moins de 90 cent. par jour et par homme pour les frais de dépense. Ceux vivant en pension à la cantine laissent 5 cent. par jour pour le bois, pendant les cinq mois d'hiver seulement.

ART. 180.

Les sommes désignées ci-dessus sont retenues aux sous-officiers et payées les jours de solde aux ayants droit, par les soins des maréchaux des logis chefs.

ART. 181.

Les sous-officiers en permission de un, deux et trois jours, payent leur pension comme s'ils étaient présents. Pour celles de quatre jours et au-dessus, il ne leur est rien retenu ; mais ils doivent prévenir à l'avance le chef de pension.

ART. 182.

Les sous-officiers administrant eux-mêmes leur pension ainsi que les sous-officiers et gardes en ménage, sont autorisés à faire entrer du vin dans la caserne pour leur consommation particulière ; mais sous aucun prétexte, ils ne doivent en vendre ni en céder à aucun militaire non marié sous peine de punition.

ART. 183.

MM. les capitaines de police et adjudants visitent la pension des sous-officiers à l'heure des repas et se conforment, s'il y a lieu aux prescriptions de l'art. 103.

ART. 184.

Cantiniers, leurs registres.

Tous les cantiniers employés dans les différentes casernes, se conforment aux dispositions suivantes :

1° Ils ont un registre pour l'inscription des entrées des liquides ;

2° Un registre journal ;

3° Un registre de comptes ouverts ;

4° Ces trois registres sont cotés et paraphés par le plus ancien capitaine adjudant-major.

ART. 185.

Les liquides livrés aux cantiniers ne sont mis en cave qu'après avoir été présentés au capitaine de police, qui veille à ce que l'inscription en soit faite de suite sur le registre n° 1.

ART. 186.

Crédits que peuvent faire les cantiniers.

MM. les capitaines de police et adjudants-majors vérifient les régistres désignées ci-dessus et apposent leur visa sur celui n° 2, au moins une fois par semaine, afin de s'assurer de leur bonne tenue, de l'exactitude des comptes, ainsi que du montant des crédits accordés qui ne doivent jamais dépasser, savoir : pour un sous-officier, 10 fr., pour un brigadier, 7 fr. 50, et pour un garde, 5 fr.

ART. 187.

Tout cantinier qui se permet de dépasser ce tarif ou de transgresser les ordres du corps sur la tenue des cantines, soit en cachant des crédits, ou en délivrant aux hommes une trop grande quantité de liqueurs de manière à les énivrer, est immédiatement signalé au colonel qui ordonne la fermeture de la cantine pendant un temps limité, ou bien la révocation du cantinier, selon l'importance de la faute commise ;

2° Les cantiniers doivent faire leur service et ne peuvent se faire remplacer que pour des motifs urgents et en se conformant au 5e paragraphe de l'art. 126. Ils doivent répondre à l'appel du soir dans leur compagnie ou escadron.

CHAPITRE XXI.

ÉCOLES.

ART. 188.

Écoles.

1° Les écoles du corps, sont sous la direction spéciale de M. le major, qui pourvoit à tous leurs besoins ;

2° La fréquentation des écoles étant un des devoirs de tout militaire du corps dont l'instruction n'est pas complète sous le rapport de l'écriture, de l'orthographe, de la rédaction et de l'arithmétique élémentaire, on se conforme dans chaque caserne aux dispositions suivantes :

1° Il est attaché à chaque école un lieutenant directeur, un sous-officier professeur et un ou deux moniteurs, dont un supplémentaire, suivant l'importance de l'école ;

2° L'école est divisée en deux cours. 1° Cours élémentaire 2° Cours de rédaction;

3° Les cours ont lieu aux jours et heures indiqués au chapitre II ;

Nouveaux admis.

4° Tout militaire, le lendemain de son arrivée au corps, est conduit par le brigadier de semaine au professeur de l'école; celui-ci le présente au directeur qui le fait inscrire sur le registre matricule, lui fait écrire quelques lignes de dictée sur ce registre afin de vérifier et constater son degré d'instruction en écriture et orthographe, et le classe ensuite dans un des cours ;

5° Tout militaire inscrit sur la liste de l'école doit, lorsqu'il n'est pas de service, ou qu'il s'en est fait remplacer, assister au cours dont il fait partie. Les hommes qui montent ou descendent la garde et ceux de piquet montant en sont dispensés.

Tenue pour l'école.

6° La tenue pour l'école est en veste, bonnet de police et bottes. Le professeur veille à ce que cette tenue soit observée et fait toujours lui-même l'appel des hommes. Les brigadiers de semaine répondent exactement pour ceux absents;

Absence de l'école, punitions à infliger.

7° Le directeur transmet tous les jours à chaque commandant de compagnie ou d'escadron, et tous les dimanches à M. le major, la liste signée de lui des hommes qui ont manqué aux cours, et indiquent si c'est pour la 1re, 2e ou 3e fois;

8° Les punitions suivantes sont infligées par les commandants de compagnies pour manquements aux cours:

1° La première fois, la réprimande;

2° La deuxième, la privation de toute permission pendant 8 jours, et la troisième fois, la consigne et privation de permission pendant 15 jours;

9° S'il y a persévérance, le rapport en est fait par le directeur qui indique avec soin le nombre d'absence de l'élève, les punitions qui lui ont été infligées à cette occasion, il se fait remettre par la compagnie le relevé de ces punitions; les motifs présumés de son inexactitude et son degré d'aptitude. Le commandant de la compagnie met en marge de ce rapport son opinion sur la conduite et la manière de servir du militaire, et ce rapport est ensuite adressé à M. le major, pour être transmis au colonel, qui prend à l'égard de l'homme telle mesure qu'il juge convenable;

10° Lorsqu'un homme change de caserne, l'officier directeur en est informé par le maréchal des logis chef de la compagnie; alors il adresse aussitôt à son collègue la feuille matricule de l'homme qui a fait mutation;

11° Les exemptions des cours se donnent à ceux qui, les ayant suivis, sont reconnus suffisamment instruits, ainsi qu'à ceux qui, pour cause d'âge ou manque d'aptitude, sont jugés incapables de suivre les cours avec fruit. Les tambours et trompettes sont dispensés d'y assister; *Exemption de l'école.*

12° Lorsque le directeur juge un militaire suffisamment instruit, il lui fait faire une composition et l'adresse avec un rapport à M. le major, lequel, d'après l'autorisation du colonel, prononce l'exemption s'il y a lieu;

13° Le professeur de chaque école ne monte que quatre gardes par mois, en ville ou à la police, suivant son tour. Il est commandé le samedi pour ce service. Les moniteurs ne montent également que quatre gardes par mois, mais toujours au poste de la police et jamais le samedi; *Service des professeurs et moniteurs des écoles.*

14° Indépendamment de sa surveillance journalière, M. le lieutenant directeur de l'école doit assister aux cours d'instruction chaque fois que le professeur est absent, soit pour cause de service ou de maladie, à moins qu'il ne soit lui-même de service. M. le lieutenant directeur de l'école est responsable des ouvrages contenus dans la bibliothèque de l'école, dont il a le catalogue; *Surveillance des directeurs des écoles.*

15° Le mode d'enseignement est déterminé par un règlement uniforme affiché dans chaque école.

ART. 189.

M. le major et MM. les directeurs des écoles sont particulièrement chargés de l'exécution des dispositions prescrites dans le présent chapitre.

MM. les capitaines de police surveillent la police des écoles, mais ils doivent rester entièrement étrangers à l'enseignement.

CHAPITRE XXII.

INSTRUCTION PRATIQUE DES DEUX ARMES.

ART. 190.

1° L'instruction pratique des deux armes est suivie d'après le tableau de travail arrêté pour chacune d'elle, chaque année, par MM. les lieutenants colo- *Instruction des compagnies, bataillons et escadrons.*

nels de chaque arme, qui le soumettent à l'approbation du colonel avant l'époque fixée pour la reprise de l'instruction.

Deuxième classe d'infanterie.

2° Dans chacune des casernes Mouffetard et Célestins, il est désigné un lieutenant, un maréchal des logis et deux brigadiers d'infanterie comme instructeurs de la 2e classe. Le sous-officier et les brigadiers ne font d'autre service que la semaine, la garde et le théâtre. Ils montent la garde en ville comme leurs collègues. Toutefois l'adjudant a soin de les commander de service de manière à ce qu'il en reste toujours deux pour l'instruction;

Nouveaux admis mis en subsistance.

3° Lorsque des nouveaux admis doivent suivre l'instruction de la 2e classe, ils sont placés en subsistance sur la demande des commandants de compagnie, savoir : ceux des huit premières compagnies à la caserne Mouffetard, et ceux des huit dernières aux Célestins;

4° Lorsque le colonel a prononcé la mise en subsistance d'un homme de la 2e classe, le maréchal des logis chef de la compagnie en donne avis par écrit à M. le lieutenant instructeur de la 2e classe de son bataillon;

5° Les hommes de la 2e classe ne font aucun service. Ils sont exercés deux fois par jour, savoir :

Du 1er avril au 30 septembre, de 6 à 8 heures du matin.

Du 1er octobre au 31 mars, de 9 heures 1/4 à 11 heures 1/4.

Et de 1 heure 3/4 à 3 heures 3/4 du soir tous les jours en toute saison.

6° Une théorie sur l'instruction municipale et sur le service des places leur est également faite les lundis, mercredis et vendredis de 11 heures 1/4 à 11 heures 3/4 dans la salle de l'école; et après plusieurs théories sur ce service, on la leur fait exécuter pratiquement dans les cours de la caserne. Un des sous-officiers ou brigadiers instructeurs à tour de rôle leur fait ces théories sous la surveillance de M. le lieutenant instructeur;

7° Lorsque les hommes de la 2e classe sont jugés susceptibles de passer au bataillon, M. le lieutenant instructeur en prévient le capitaine adjudant-major de son bataillon qui va les examiner, et propose, s'il y a lieu, à son chef d'escadron, leur admission au bataillon et le renvoi à leur compagnie;

Etats des hommes de la deuxième classe.

8° Le 1er de chaque mois, MM. les lieutenants instructeurs adressent au capitaine adjudant-major de leur bataillon, un état en double expédition des hommes de la 2e classe. Cet état est négatif s'il n'y a point d'hommes à exercer;

9° MM. les commandants des compagnies font exécuter aux nouveaux admis qui ne sont point désignés pour la 2e classe, les mouvements d'ôter et remettre la baïonnette; ils les réunissent pour les exercer sur ces deux mouvements;

10° Lorsqu'il n'y a pas d'hommes à instruire, les instructeurs font tout leur service;

Deuxième classe de cavalerie.

11° La 2e classe est formée des cavaliers qui sortent des armes spéciales et qui n'ont pu apprendre le maniement du mousqueton; ces hommes ne sont exemptés d'aucun service, ils sont exercés tous les jours, dans leur escadron respectif, sous la surveillance de l'officier de semaine et la direction du commandant de l'escadron, par des sous-officiers et brigadiers désignés par le commandant de l'escadron pour cette instruction; ces sous-officiers, devront toujours exécuter devant eux le mouvement qu'ils commandent.

L'exercice du sabre sera enseigné de la même manière aux hommes sortant de l'artillerie;

12° Les hommes ayant des jeunes chevaux seront détachés et mis en subsistance dans les escadrons des Célestins, pour que leurs chevaux y soient exercés et reçoivent l'instruction nécessaire sous la surveillance de l'officier et par les soins des sous-officiers désignés pour le dressage des jeunes chevaux. Ces hommes ne feront que le service de théâtres et les gardes d'écurie.

Dressage des jeunes chevaux.

ART. 191.

L'école des tambours a lieu pendant l'été de 6 à 8 heures du matin, et l'hiver, de 1 heure à 3 heures, les lundis et mardis pour les tambours de la 1re classe et tous les jours pour ceux de la 2e classe, sous la surveillance du capitaine adjudant-major de chaque bataillon.

École des tambours.

ART. 192.

Les trompettes sont réunis une fois par semaine à la caserne Saint-Martin, le mardi de 10 heures à 11 heures 1/2 pour la répétition d'harmonie, et le premier jeudi de chaque mois à la même heure, pour la répétition des sonneries d'ordonnance sous la surveillance d'un officier de cavalerie désigné par le colonel;

École des trompettes.

1° Le tambour-major rend compte au capitaine adjudant-major du bataillon et au capitaine de la compagnie, des manquements aux réunions et des punitions qu'il aurait infligées;

2° Le trompette-major rend le même compte au capitaine commandant l'escadron et à l'officier chargé de la surveillance des trompettes.

CHAPITRE XXIII.

INSTUCTION THÉORIQUE DES DEUX ARMES.

ART. 193.

L'instruction théorique des deux armes est reprise, chaque année, aux époques fixées par le tableau de travail.

Instruction des officiers d'infanterie.

1° L'instruction théorique de MM. les officiers supérieurs et capitaines d'infanterie comprend en entier l'ordonnance sur les manœuvres; les règlements de service intérieur de place, l'ordonnance du 29 octobre 1820, sur la gendarmerie et l'instruction municipale.

Celle de MM. les lieutenants comprend les mêmes règlements, l'école du du soldat, peloton et bataillon; MM. les lieutenants dont l'instruction est complète sur toutes ces parties, peuvent être autorisés par le colonel à assister, avec MM. les capitaines, aux théories sur les évolutions de ligne;

2° L'instruction des sous-officiers, ainsi que des brigadiers proposés pour maréchal des logis, comprend les écoles du soldat et de peloton, le maniement de l'arme des sous-officiers, la formation d'un peloton sur un ou plusieurs rangs, la manière de former les faisceaux, les fonctions de guide, l'instruction municipale et le règlement de service intérieur, pour tout ce qui traite de leurs fonctions et de celles des brigadiers;

Sous-officiers d'infanterie.

3° Celle des brigadiers ainsi que des gardes candidats, comprend l'école du soldat seulement, l'instruction municipale et le règlement de service intérieur pour tout ce qui traite de leurs fonctions;

Brigadiers d'infanterie.

4° Tous les sous-officiers, brigadiers et gardes candidats doivent suivre le cours théorique et passer un examen devant le capitaine adjudant-major de leur bataillon ;

Officier chargé des théories.

5° Un officier par compagnie et un sous-officier, désignés à tour de rôle pour deux mois, par le commandant de la compagnie, sont chargés de la théorie militaire et municipale des sous-officiers, brigadiers et gardes candidats. Le sous-officier est choisi parmi ceux qui sont exempts. MM. les commandants de compagnie envoient au colonel, tous les deux mois, l'état de ces officiers et sous-officiers ;

6° MM. les officiers chargés des théories doivent y assister constamment et ne point s'en dispenser ; ils interrogent eux-même les hommes. Le sous-officier chargé de les aider, interroge les moins avancés. Toutes les explications nécessaires leur sont données pour leur faire comprendre le sens des manœuvres ;

7° La théorie sur le maniement d'armes est faite pratiquement afin d'en mieux faire comprendre le mécanisme ; à cet effet une arme est apportée à la théorie ;

8° Les théories sont faites aux jours et heures fixés par le tableau de travail. Les hommes qui y ont manqué y reviennent le lendemain ; l'officier instructeur leur désigne l'heure. Les comptables et employés à l'instruction pratique et élémentaire sont, lorsque la spécialité de leurs fonctions y met empêchement, dispensés de se trouver à la théorie aux heures indiquées ; mais le lieutenant instructeur les interroge au moment qu'il juge convenable et qu'il leur fixe ;

9° MM. les adjudants-majors s'assurent que le temps fixé pour la théorie est exactement employé ;

Théorie municipale aux gardes.

10° La théorie sur l'instruction municipale est faite dans chaque subdivision par le maréchal des logis qui la commande, et, à son défaut, par le plus ancien brigadier : elle a lieu les lundis et mardis de 7 à 8 heures et demie du matin et de manière à ce que tous les hommes soient interrogés. MM. les officiers de semaine assistent à cette théorie sous la surveillance des commandants de compagnie ;

11° Aussitôt qu'un sous-officier ou brigadier a terminé une partie de son instruction, il est examiné par le capitaine adjudant-major du bataillon. A cet effet, MM. les lieutenants instructeurs lui en donnent avis par écrit ; mais ils ont soin de ne désigner que des hommes capables de bien subir leur examen ;

États de théorie.

12° MM. les officiers instructeurs adressent, le premier de chaque mois, au capitaine adjudant-major de leur bataillon, l'état théorique en triple expédition des sous-officiers, brigadiers et gardes candidats, sur lequel on indique par le mot *exempt*, dans la colonne de la partie de l'instruction, si l'homme a été exempté par le capitaine adjudant-major. Par le mot *fini* lorsqu'il a terminé une partie et qu'il n'a pas encore été examiné, et enfin pour les hommes absents et ceux qui n'ont point terminé, par le dernier numéro où ils en sont restés. Les adjudants-majors visent ces états et les adressent à leur chef d'escadron après les avoir vérifiés. Ceux-ci conservent une expédition de ces états et adressent les deux autres à M. le lieutenant-colonel qui en conserve également une expédition et fait parvenir l'autre, après l'avoir visée, au colonel commandant. Tous ces états sont faits d'après le modèle imprimé et adopté pour cet usage.

13° Les jours d'exercices, lorsque le temps ne permet pas d'y aller, une théorie est faite aux hommes sur le démontage et remontage du fusil par chaque maréchal des logis de subdivision ou en son absence par le plus ancien brigadier. Si un second exercice vient à manquer on fait une théorie sur le service des places, et enfin à une troisième sur l'instruction municipale et ainsi de suite. MM. les officiers de semaine surveillent ces théories ;

14° La théorie sur le service des places est faite, de temps à autre, pratiquement dans les cours de la caserne, on forme à cet effet des postes dans différents endroits ;

15° MM. les commandants de compagnie doivent veiller à ce que les sous-officiers et gardes soient pourvus d'un exemplaire du *Formulaire des procès-verbaux* et de l'*Instruction municipale*, et qu'en outre les sous-officiers et brigadiers, soient pourvus également des règlements et théories nécessaires à leur instruction ;

Instruction théorique de la cavalerie, officiers.

16° L'instruction de MM. les officiers de tout grade, comprend, les cinq titres de l'ordonnance, et tous les règlements qui déterminent leurs devoirs dans leurs diverses positions ;

Sous-officiers.

17° L'instruction pour les sous-officiers et brigadiers, proposés pour le grade de maréchal de logis comprend, les bases de l'instruction, l'école du cavalier, l'école du peloton et l'école d'escadron à pied et à cheval, l'instruction municipale et le règlement de service intérieur, pour tout ce qui est relatif à leurs fonctions ;

Brigadiers.

18° L'instruction des brigadiers et gardes proposées pour le grade de brigadier, comprend toutes les leçons à pied et à cheval, l'instruction municipale et le règlement de service intérieur, pour tout ce qui est relatif à leurs fonctions ;

Officier chargé des théories.

19° Un officier et un sous-officier, par escadron, sont désignés par M. le lieutenant-colonel, pour faire les diverses théories pendant le cours de l'année. MM. les officiers chargés des théories, sont constamment tenus d'y assister, ils interrogent eux-mêmes les hommes, et le sous-officier, chargé de les aider, interroge les moins avancés. Ils doivent s'attacher à leur faire saisir le sens de tous les mouvements qui s'éxécutent sur le terrain ; le dernier quart-d'heure de chaque séance sera employé à faire l'école d'intonation ;

20° Les théories sont faites aux jours et heures fixés par le tableau de travail ; il est recommandé de faire apprendre aux hommes qui ont manqué à une séance, la leçon qu'ils auraient dû réciter à cette séance ; les comptables, les sous-officiers et brigadiers employés à l'instruction pratique et élémentaire, sont dispensés de se trouver à la théorie aux heures indiquées, lorsque leurs fonctions spéciales s'y opposent, mais le lieutenant, chargé de la théorie, leur fixera le jour et l'heure qu'il jugera convenable pour les interroger ;

21° MM. les adjudants-majors s'assureront que le temps fixé pour les théories, soit exactement employé ; et que la progression indiquée par l'ordonnance soit suivie scrupuleusement ;

22° La théorie sur l'instruction municipale et celle sur l'armement, ont lieu les jours indiqués, par les soins des officiers de peloton, sous la surveillance des commandants d'escadrons ; le lieutenant de peloton, peut faire interroger les hommes par un sous-officier ou brigadier qu'il désigne à cet effet ;

États de théories.

23° Les officiers chargés des différentes théories, envoient à la fin de chaque mois, en triple expédition, par la voie hiérarchique, en passant premièrement par l'adjudant-major de leur escadron, l'état théorique de leur escadron ; il leur est recommandé d'apporter le plus grand soin dans les notes qu'ils donnent aux sous-officiers et brigadiers : ces notes servant à fixer l'opinion du chef du corps, sur le zèle et la capacité de chacun de ces militaires ; MM. les adjudants-majors, visent ces états et les adressent à leur chef d'escadron, lequel en conserve un exemplaire, vise les deux autres et les adresse au lieutenant-colonel. M. le lieutenant-colonel conserve également un exemplaire de ces états et adresse l'autre au colonel, après y avoir apposé son visa.

CHAPITRE XXIV.

DEMANDES DIVERSES ET PÉTITIONS.

ART. 194.

Demande de mariage des officiers.

MM. les officiers de tous grades des deux armes se conforment aux dispositions suivantes lorsqu'il veulent faire une demande pour contracter mariage. (Circulaire ministérielle du 17 décembre 1843.)

1° La future doit apporter en dot un revenu non viager de 1,200 francs au moins ;

2° La demande doit-être adressée au ministre de la guerre en suivant la voie hiérarchique ; elle doit-être accompagnée d'un certificat délivré par le maire du domicile de la future et approuvé par le sous-préfet de l'arrondissement, constatant l'état de la future et de ses parents et la réputation dont ils jouissent ; le moutant et la nature de la dot qu'elle doit recevoir et à laquelle elle peut prétendre, enfin d'un extrait du projet du contrat de mariage relatant l'apport de la future ;

3° Dans le mois de la célébration du mariage, l'officier fait parvenir, par la voie hiérarchique, au ministre de la guerre, un extrait du contrat de mariage en ce qui concerne l'apport de sa femme, délivré par le notaire dépositaire de l'acte ;

4° Les permissions de mariage qui ont été obtenues, ne sont valables que pendant six mois, sauf au titulaire à en demander le renouvellement s'il y a lieu par la voie déjà indiquée ; cette dernière demande indique les rectifications que doivent subir les premiers renseignement fournis et dont suivant la nature, il est justifié dans la forme voulue.

ART. 195.

Le chef de corps, le maréchal de camp et le lieutenant général doivent, en transmettant une demande de mariage, y joindre leur avis motivé sur la moralité de la future, sur la constitution de sa dot et sur la convenance de l'union projetée, d'après les renseignements qu'ils doivent recueillir par l'intermédiaire de l'autorité militaire du domicile de la future, lesquels renseignements sont transmis au ministre en même temps que la demande à laquelle ils se rattachent.

ART. 196.

Les officiers qui contreviennent aux prescriptions ci-dessus, ou qui produisent sciemment des pièces dont l'énoncé serait reconnu inexact, encourent une peine sévère, conformément à la législation en vigueur.

ART. 197.

Demande de mariage des sous-officiers et gardes.

Aucune demande de mariage d'un sous-officier, brigadier ou garde ne doit être adressée, si la masse de l'homme n'est pas complète. On se conforme aux dispositions suivantes :

1° Lorsqu'un militaire désire se marier, MM. les commandants de compagnie ou d'escadron font faire, par le lieutenant de section, une enquête sur la moralité de la future ainsi que de sa famille, et sur la réalité de l'avoir annoncé. Cet officier rend compte de sa mission par un rapport écrit à son capitaine et donne son opinion à cet égard, ce rapport est joint à la demande du militaire ;

2° MM. les commandants de compagnie, après avoir émis leur avis sur l'avantage ou le désavantage de l'union projetée, adressent la demande par la voie hiérarchique en y joignant les pièces ci-après, savoir :

1° Les actes de naissance des futurs époux ;

2° Le consentement des parents des deux parties ou leurs actes de décès ;

3° Un certificat de bonnes vie et mœurs de la future, delivré par le maire ou le commissaire de police de sa commune;

4° Un bordereau des valeurs restées entre les mains du capitaine et qui sont remises au demandeur aussitôt que l'autorisation de contracter mariage est acccordée ;

5° Le relevé des punitions du militaire ;

6° Et un extrait de son compte ouvert ;

ART. 198.

Toute autorisation de mariage qui n'a pas reçu son exécution dans le délai de deux mois, est envoyée à l'état-major.

2° Huit jours après la célébration du mariage, les hommes adressent à M. le major un certificat de la mairie où le mariage a eu lieu.

ART. 199.

Demande de secours.

Lorsqu'une demande de secours est fondée sur la maladie de la femme ou des enfants d'un sous-officier ou garde, cette maladie doit être constatée par un certificat délivré par M. le docteur de la caserne. Lorsqu'elle est faite par un homme nécessiteux, le commandant de la compagnie ou de l'escadron certifie l'exactitude des faits énoncés dans la demande, et donne son opinion sur la moralité du demandeur.

ART. 200.

Demande de démission.

Les demandes des démissionnaires doivent être faites conformément au modèle donné ; elles ne doivent être adressées dans le courant d'une inspection à l'autre que pour des motifs déterminants justifiés par un certificat constatant l'urgence, délivré par le commissaire de police du quartier, pour les hommes nés à Paris, et par le maire de leur commune, pour ceux qui se retirent en province ; on joint en outre, à la demande, un relevé de punitions et un extrait du compte ouvert de l'homme.

2° Tout militaire qui, ayant donné sa démission, quitte le corps sans attendre la décision du ministre est privé de congé, de certificat de bonne conduite et ne reçoit que le relevé de ses services; s'il redoit au corps, il est poursuivi comme déserteur;

3° Tout garde en instance de démission, qui commet une faute grave ou qui se livre à l'ivrognerie, se met dans le cas d'être privé d'un certificat de bonne conduite, et d'être signalé immédiatement au ministre de la guerre pour le retrait de cette pièce;

4° Tout garde qui quitte le corps pour remplacer ne pourra y être réadmis qu'après trois ans de service dans l'armée. (Décision ministérielle du 17 février 1843.)

5° Tout cavalier démissionnnaire, même ne redevant rien au corps, ne peut disposer de son cheval et l'emmener sans autorisation, sous peine d'être arrêté et livré aux tribunaux militaires;

ART. 201.

Demande pour changer de corps ou d'arme.

Les demandes des hommes qui désirent changer de corps ou d'armes, ne doivent être adressées qu'autant qu'elles sont accompagnées du certificat d'acceptation du chef du corps dans lequel les militaires veulent passer et d'un extrait du compte de l'homme. Les militaires qui demandent à passer de l'infanterie dans la cavalerie, sont examinés par M. le lieutenant-colonel de la cavalerie qui constate, par apostille, sur leur demande, s'ils réunissent l'aptitude et l'instruction nécessaires pour y faire un bon service.

ART. 202.

Demandes collectives.

Chaque fois que plusieurs militaires se trouvent dans le cas de faire la même demande, il y a autant d'expéditions qu'il y a d'hommes. Toute demande collective est formellement interdite.

ART. 203.

Demandes diverses, comment faites et apostillées.

MM. les commandants de compagnie et d'escadron doivent, dans toutes les apostilles qu'ils mettent sur les demandes qui sont faites par leurs subordonnés, exprimer le motif de la demande et leur opinion sur l'opportunité;

2° Toute demande doit être écrite de la main du demandeur, suivre la voie hiérarchique pour parvenir au colonel, et porter en tête le titre de l'autorité chargée de statuer. Ainsi une demande de convalescence, de congé au-delà d'un mois, de changement de corps ou d'arme et de démission, doit être adressée à M. le ministre de la guerre.

Une demande de permission de 30 jours, à M. le ministre de l'intérieur.

Une demande de permission de 15 jours ou de mariage, à M. le préfet de police.

Une demande de changement de compagnie à, M. le colonel.

Une demande de secours, d'indemnité de logement ou de détérioration d'effets, au conseil d'administration.

3° Toutes les demandes doivent être écrites à mi-marge pour recevoir l'avis des capitaines, chefs d'escadrons et lieutenants-colonels;

4° Toute demande de congé ou de permission au-dessus de 8 jours doit être accompagnée d'un certificat du maire de la commune, qui constate qu'il est à sa connaissance que la présence du demandeur est nécessaire dans sa famille (Voir l'article 208 pour le certificat du docteur;)

5° Lorsque des retards peuvent être nuisibles à la santé ou aux intérêts des hommes, leurs demandes sont soumises par eux au visa du chef d'escadron et lieutenant-colonel, et apportées ensuite à l'état-major. Les congés de convalescence sont envoyés sans les certificats de visite afin d'éviter les lenteurs.

ART. 204.

Pétitions à la famille royale et aux autorités.

Il est défendu à tout militaire du corps, de la manière la plus expresse, d'adresser directement au Roi, à la Reine ou à la famille royale, ainsi qu'aux diverses autorités, des demandes de secours ou autres faveurs. Si, par exception, des hommes se trouvent dans le besoin par suite d'événements extraordinaires, ces sortes de demandes doivent parvenir au colonel par la voie hiérarchique, après avoir été examinées par les commandants de compagnie ou d'escadron, qui indiquent exactement en marge leur avis et les causes qui peuvent les motiver. La feuille de punitions de l'homme est jointe à ces demandes.

CHAPITRE XXV.

PERMISSIONS ET CONGÉS.

ART. 205.

Permissions des officiers.

Tout officier qui désire obtenir une permission au-dessus de 48 heures, doit en faire la demande par écrit et l'adresser par la voie hiérarchique. Si elle ne dépasse pas 8 jours inclusivement, il n'est dispensé d'aucun service, et doit s'assurer avant son départ qu'un de ses camarades le remplacera au besoin. A son retour il doit se présenter à ses supérieurs conformément aux règlements ;

2° Les permissions de 1 à 2 jours, pour les officiers, sont demandées sur la situation journalière.

ART. 206.

Permissions des sous-officiers et gardes.

Les permissions de toute sorte sont accordées dans la proportion suivante, dans chaque compagnie et escadron, aux sous-officiers, brigadiers et gardes, avec défense d'en dépasser le chiffre :

Par jour.	de 2 ou 4 heur.	de minuit.	de 1 à 4 jours.	de 8 jours.	de 15 j. et au-dessus.
Aux gardes.	8	16	4	3	3
Aux brigadiers. . .	2	2	2	2	1
Aux sous-officiers.	1	1	1	1	1
Détachement . . .	1 sur 15 hom.	1 sur 15 hom.	1 sur 30 hom.	1 sur 30 hom.	1 sur le détachement.

Permissions de 1 à 4 jours.

2° Les permissions de 1 à 4 jours font nombre dans celles de minuit, c'est-à-dire que s'il y a 4 gardes en permission de 1 à 4 jours, il ne leur est accordé que 12 permissions de minuit. Les congés de convalescence sont en dehors de la présente fixation ;

Permissions de 2 ou 4 heures.

3° Les permissions de l'appel de deux heures pour les cavaliers et celles de l'appel de quatre heures pour les deux armes sont accordées aux sous-officiers et brigadiers par les maréchaux des logis chefs, et aux gardes par le maréchal des logis ou brigadier de semaine ; ils en rendent compte au lieutenant de semaine qui veille à ce que le nombre fixé ne soit point dépassé. Les cavaliers qui obtiennent ces permissions doivent s'arranger de gré à gré avec leurs camarades pour faire panser leurs chevaux;

Permissions de minuit.

4° Les permissions de minuit sont accordées par le commandant de la compagnie ou d'escadron, signées par lui et contre-signées par l'adjudant de semaine;

Permissions de 24 et 48 heures.

5° Celles de 24 et 48 heures sont également accordées et signées par le commandant de la compagnie ou du détachement, mais elles sont soumises au visa du colonel le jour même que les hommes doivent en jouir;

Permissions de 4 à 8 jours.

6° Les permissions de 4 à 8 jours inclusivement sont demandées la veille sur la situation journalière, et si elles sont accordées, elles sont envoyées par les chefs de détachement au capitaine de la compagnie ou de l'escadron dont l'homme fait partie; ce dernier les signe et les soumet le lendemain à la signature du colonel. Il en est de même pour toute permission au-dessus de 8 jours;

Convalescence, congés, permissions de 15 jours et au-dessus.

7° Pour les demandes de convalescence, de congé ou de permission de 15 jours et au-dessus, on se conforme à l'article 203, et lorsque des motifs urgents nécessitent qu'un homme obtienne une permission de cette nature au-dessus du nombre fixé, MM. les commandants de compagnie en préviennent le colonel, et donnent leur opinion sur l'opportunité de dépasser la limite fixée;

Permissions de minuit, 24 et 48 heures.

8° Pour les permissions de minuit, de 24 ou de 48 heures, les sous-officiers et gardes s'adressent au maréchal des logis chef avant le rapport du matin. Celui-ci en informe le commandant de la compagnie ou d'escadron, qui, d'après la conduite de ceux qui les sollicitent, juge s'il doit les accorder ou les refuser;

9° Si dans le courant de la journée, un homme a besoin d'une permission de minuit qu'il n'a pu faire demander le matin, il peut s'adresser au lieutenant de semaine par l'intermédiaire du maréchal des logis de semaine. Cet officier est autorisé à l'accorder si le nombre fixé n'est pas complet, et il en rend compte au capitaine de police, et le lendemain le maréchal des logis chef en rend compte au commandant de la compagnie ou escadron;

Permissions de l'appel du matin.

10° Les permissions de l'appel du matin ne doivent être accordées que dans des cas extrêmement urgents;

Permissions de 8 jours.

11° Toute demande de permission de 8 jours, en attendant un congé de convalescence, doit être accompagnée d'un certificat du docteur constatant l'urgence. Elles sont avec solde ou demi-solde, suivant la nature de la demande;

Indication de la solde sur les permissions et visa.

12° Toute permission de 8 jours doit porter l'indication avec solde de présence, demi-solde ou sans solde, et en marge si l'homme est démissionnaire. Elle est visée par M. le sous-intendant militaire au départ et à la rentrée de l'homme. Il en est de même de celle de 4 jours pour sortir de la garnison. Les unes et les autres sont toujours sans prestation en nature, c'est-à-dire sans pain ni bois. (Voir l'article 208.)

ART. 207.

Tout sous-officier en permission de 8 jours doit son service.

Tout sous-officier qui obtient une permission de 1 à 8 jours inclusivement, est tenu de pourvoir à son service en s'arrangeant de gré à gré avec un de ses collègues. Dans le cas contraire, tous les tours de service lui sont rappelés à sa rentrée. L'adjudant a soin cependant de laisser entre chaque tour un intervalle raisonnable. Les brigadiers et gardes qui obtiennent des permissions de un à quatre jours inclusivement sont également rappelés de leur tour de service.

ART. 208.

Bulletin de santé, joint aux permissions de toute espèce.

Il est joint un bulletin de visite de santé, du docteur de la caserne, à toute permission de huit jours hors Paris; quant à celles au-dessus et congés, ce bulletin est représenté au moment de la délivrance de la permission ou congé, pour y être joint.

ART. 209.

Remplacement des sous-officiers et brigadiers absents.

Lorsqu'un sous-officier ou brigadier doit-être absent pour plus de huit jours, soit par permission, maladie ou tout autre motif, le commandant de la compagnie ou de l'escadron propose au colonel sur la situation journalière son remplacement momentané par un sujet pris parmi les candidats au grade du militaire absent; et par rang d'ancienneté de grade. Les adjudants ont soin, en commendant leur service, de placer ces sous-officiers, brigadiers ou gardes, faisant fonctions du grade supérieur, dans les postes commandés par un chef plus élevé en grade ou plus ancien de grade qu'eux, ou de leur donner les postes les moins nombreux et les moins importants.

ART. 210.

Visa du sous-officier de garde à la police.

Tout homme rentrant de permission d'absence doit faire viser sa permission par le maréchal des logis de garde à la police qui indique l'heure de sa rentrée au quartier.

ART. 211.

Inventaire des effets des hommes qui s'absentent.

Aussitôt qu'un militaire doit s'absenter pour plus de huit jours, soit par permission, maladie, etc., le maréchal des logis chef fait dresser l'inventaire des effets de l'homme, cet inventaire, conforme au modèle donné, est établi en triple expédition, dont l'une reste entre ses mains, une autre est adressée immédiatement à M. le major, et la troisième est renfermée dans la malle du militaire qui s'absente, laquelle est déposée dans le magasin de la compagnie; en l'absence du maréchal des logis chef; ces inventaires sont faits et signés par le maréchal des logis fourrier; à la rentrée de tout homme en permission de huit jours et au-dessus, le lieutenant de section ou peloton, passe la revue de ses effets.

ART. 212.

Retenue faite aux permissionnaires au profit de l'ordinaire.

Les retenues à exercer au profit de l'ordinaire, aux brigadiers et gardes qui obtiennent des permissions, sont fixées ainsi qu'il suit :

1° Pour les permissions de un à quatre jours inclusivement, les hommes sont considérés comme présents, ne sont point déduits de l'ordinaire, et sont libres d'y prendre eux-mêmes leur repas;

2° Pour celles de huit jours et au-dessus avec solde entière, ils sont déduits de l'effectif de l'ordinaire, et à leur retour, il leur est retenu 50 c. par journée d'absence, pour le service fait pour eux, ce dont il est fait écriture sur les registres; toutefois les brigadiers et gardes, autorisés à vivre en ménage, ne sont pas passibles de la retenue de 50 c.;

3° Les travailleurs subiront une retenue de 4 fr. tous les dix jours au profit de l'ordinaire;

4° Les brigadiers et gardes auxquels il est accordé des permissions d'urgence en attendant des congés de convalescence, ne sont passibles d'aucune retenue;

Militaire entrant à l'hôpital étant en congé.

5° Tout militaire qui étant en permission ou congé, entre à l'hôpital, doit, à sa sortie, rejoindre le corps dans un laps de temps aussi court que celui qui lui restait à parcourir pour atteindre la fin de son congé avant son entrée à l'hôpital, sous peine de perdre tout droit à son rappel de solde de congé et à sa masse d'entretien (article 35 du règlement du 21 novembre 1823).

CHAPITRE. XVI.

CHEVAUX, REMONTE, INDEMNITÉ DE REMONTE.

ART. 213.

Extrait de l'ordonnance du 30 avril 1841, concernant l'indemnité de remonte des officiers.

Conformément à la décision du ministre de la guerre en date, du 20 avril 1842; la délibération du conseil municipal du 23 juin 1843 et l'arrêté de M. le préfet de police, du 23 octobre même année, les articles de 5 à 15 inclusivement de l'ordonnance royale du 30 avril 1841, sont applicables aux lieutenants et sous-lieutenants de cavalerie de la garde municipale, relativement à l'indemnité de remonte;

2° Lorsqu'il y a lieu d'accorder à un officier une indemnité de remonte, le conseil d'administration adresse à M. le préfet de police, par l'intermédiaire du sous-intendant militaire, un état de proposition en double expédition;

3° Lorsqu'un officier du grade ci-dessus désigné doit pourvoir au remplacement de son cheval, il reçoit une indemnité équivalente au prix d'achat de sa nouvelle remonte qui, dans aucun cas, ne peut s'élever à plus de 900 fr., quels que soient le prix du cheval et les réductions dont cette indemnité peut être passible;

4° Aucun cheval n'est admis s'il n'est de l'âge de 5 ans au moins et de 8 ans au plus, et de la taille de 1 mètre 515 à 1 mètre 542; la durée légale est fixée à 7 ans;

5° Le sous-officier promu au grade d'officier reçoit, s'il n'est pas monté, une indemnité égale au prix du cheval dont il a fait l'achat, si toutefois ce prix ne dépasse pas 900 francs; s'il est monté et que son cheval soit reconnu susceptible de faire un bon service, il reçoit une indemnité équivalente à l'estimation qui est faite de ce cheval; dans le cas contraire, le prix de la vente ou de sa dépouille est déduit de l'indemnité à laquelle il a droit pour sa nouvelle remonte;

6° Le lieutenant d'un des corps de l'armée qui est admis dans la cavalerie du corps obtient la même indemnité que le sous-officier promu;

7° L'Etat supplée à la perte du cheval lorsqu'elle ne peut-être imputée à l'officier, dans le cas contraire, il est tenu de concourir aux frais de remplacement par des retenues mensuelles dont la somme totale équivaut à autant de fois la septième partie du prix de la remonte qu'il restait d'années à parcourir pour arriver au terme de la durée légale du cheval; toutefois le prix de la vente du cheval ou de sa dépouille, est déduit de la somme laissée à la charge de l'officier;

8° L'officier qui a conservé son cheval en état de faire un bon service après 7 ans révolus, peut recevoir, à titre de gratification pour chaque année en plus, une prime équivalente à la moitié de la somme annuellement versée au fonds de remonte ;

9° Lorsqu'un officier est mis en non-activité par suppression d'emploi, licenciement de corps, infirmités temporaires ou incurables, lorsqu'il est admis à la retraite ou vient à décéder, le cheval dont il est pourvu devient sa propriété s'il a atteint sa septième année de service ;

10° Lorsque l'officier est destitué, mis en non-activité par retrait d'emploi, suspension d'emploi, en réforme par mesure de discipline ou démissionnaire, le cheval dont il est pourvu, s'il n'a pas accompli sa septième année de service, est livré à un officier ayant droit à une première monture ou à un remplacement. A défaut, il est procédé à la vente, ou livré à un sous-officier, brigadier ou garde s'il est reconnu susceptible de faire un bon service ; dans ces deux derniers cas le prix de la vente est versé aux fonds de l'abonnement ; il en est de même de tout cheval des officiers qui se trouvent dans l'un des cas prévus par le paragraphe 9, lorsque le cheval n'a pas accompli sa septième année de service ;

11° Le lieutenant promu au grade de capitaine conserve comme étant sa propriété absolue le cheval dont il est pourvu, quel que soit le nombre d'années de service.

ART. 214.

Achat des chevaux d'officiers.

Conformément à l'esprit de l'ordonnance du 29 octobre 1820 et des articles 281, 282, 284 et 286 de la décision ministérielle qui précède cette ordonnance, MM. les officiers de cavalerie et capitaines d'infanterie doivent présenter au colonel les chevaux qu'ils sont dans l'intention d'acheter, et dont l'admission ne peut être autorisée que lorsqu'ils ont été reconnus propres à un bon service, qu'ils sont bien tournés et de taille convenable comme chevaux d'escadron. Dans aucun cas ils ne peuvent vendre ou échanger leurs chevaux sans son autorisation.

ART. 215.

MM. les officiers montés ont seuls le droit de faire leur service à cheval. Les lieutenants d'infanterie ne le doivent sous aucun prétexte.

ART. 216.

Indemnité de remonte aux sous-officiers et gardes.

Tout sous-officier, brigadier ou garde qui vient à perdre son cheval, reçoit, en dehors de l'indemnité réglémentaire, une allocation d'un tiers de la perte réelle qu'il éprouve, laquelle est prélevée sur le produit de la masse des fumiers du corps.

ART. 217.

Chevaux réformés.

Lorsque dans l'intervalle d'une inspection à l'autre, et pour des motifs urgents, un cheval de troupe est dans le cas d'être proposé pour la réforme, la demande en est faite, par la voie hiérarchique, au colonel, qui seul a le droit de prononcer la réforme conformément à l'article 286 de l'ordonnance du 29 octobre 1820 sur la gendarmerie ; si le cheval est réformé, il est conduit au marché aux chevaux pour y être vendu par les soins du commissaire-priseur délégué par le préfet de police, le prix de la vente du cheval est versé par ce commissaire-priseur entre les mains du trésorier du corps ; aussitôt la vente d'un cheval réformé, le capitaine de l'escadron adresse au colonel un bulletin indiquant le prix de la vente du cheval.

ART. 218.

Cheval mort, son autopsie.

Immédiatement après la mort d'un cheval, MM. les artistes vétérinaires procèdent à son autopsie, et envoient au colonel le procès-verbal détaillé de cette opération en indiquant la cause de la mort. MM. les adjudants-majors de cavalerie y assistent chacun dans leurs escadrons comme capitaines instructeurs.

ART. 219.

Soins à donner aux chevaux pour éviter les maladies.

Afin de prévenir autant que possible les maladies des chevaux, les cavaliers, observeront les précautions suivantes :

1° En rentrant de course ils reviendront au pas, ne débrideront l'hiver qu'à l'écurie, ne feront boire leurs chevaux qu'une heure après la rentrée;

2° Aussitôt après les avoir bouchonnés, ils leur mettront la couverte ;

Vedettes.

3° Les hommes placés en vedette pour le service de nuit, ne doivent point rester complétement en place, ils font marcher leurs chevaux quelques pas et ont soin de les couvrir en rentrant dans les quartiers;

Ordonnances à cheval.

4° Dans les postes où il n'y a que deux gardes et un brigadier, lorsque les premiers ont fait chacun deux courses, le brigadier fait la cinquième. Il est fourni dans chaque poste de cavalerie des caparaçons pour couvrir les chevaux à leur rentrée de course.

ART. 220.

Chevaux montés dans la cour ou sortis de la caserne.

Les chevaux malades pourront être promenés en main ou montés, d'après l'avis de l'artiste vétérinaire et sur l'autorisation du commandant de l'escadron, excepté le cas de service, aucun cheval de troupe, ne peut être sorti de la caserne sans une autorisation du commandant de l'escadron.

ART. 221.

Chevaux maltraités.

Les cavaliers ne doivent jamais maltraiter leurs chevaux, mais au contraire employer la douceur, afin d'obtenir d'eux les résultats que des moyens violents éloignent toujours. La correction ne doit être employée qu'après avoir épuisé tous les moyens de douceur, et encore elle ne doit avoir lieu qu'avec beaucoup de discernement. Tout cavalier qui est convaincu d'avoir maltraité son cheval doit être puni sévèrement.

ART. 222.

Chevaux blessés dans un service.

Lorsqu'un cheval est blessé dans un service commandé, il en est dressé procès-verbal, par le chef du poste ou du détachement, ce procès-verbal est adressé au colonel après avoir été visé par le commandant de l'escadron ; il doit être accompagné d'un certificat de l'artiste vétérinaire du corps, constatant la gravité de la blessure: ces pièces sont jointes au dossier de l'homme pour y avoir recours au besoin.

CHAPITRE XXVII.

PUNITIONS, FAUTES CONTRE LA DISCIPLINE.

ART. 223.

Hommes pris de vin.

Lorsque des hommes pris de vin entrent à la caserne sans faire aucun bruit, on leur laisse la faculté de se coucher sans leur adresser de reproches ; s'ils font du tapage, ils sont saisis au besoin par leurs camarades qui les conduisent soit à leur chambre ou à la salle de police sous la surveillance d'un sous-officier qui évite d'intervenir ostensiblement dans cette occasion. Le lendemain on met en usage les réprimandes et punitions nécessaires pour corriger leurs habitudes vicieuses, et ils sont prévenus par le commandant de la compagnie qu'à la troisième punition pour ivresse, ils seront renvoyés du corps. Si un homme ivre est rencontré en ville par son chef et que l'intervention de celui-ci soit jugée nécessaire, il doit se tenir, autant que possible, à distance du soldat ivre, pour ne pas s'exposer a être frappé et pouvoir cependant surveiller l'exécution des ordres qui lui ont été donnés ou qu'il peut donner lui même.

ART. 224.

Tout sous-officier, brigadier ou garde atteint d'une affection vénérienne ou cutanée, doit immédiatement en faire la déclaration au docteur de la caserne; il n'encourt alors aucune punition, si au contraire il n'en fait point la déclaration et qu'il soit reconnu que la maladie remonte à plusieurs jours, il est traité à l'hôpital dans la chambre des consignés et puni d'un mois de consigne à sa sortie de l'hôpital; (Maladie syphilitique.)

2° Tout supérieur qui sait qu'un militaire sous ses ordres est atteint de syphilis, doit lui rappeler l'article ci-dessus et le signaler au chirurgien et au commandant de la compagnie dans le cas ou ce militaire ne se déclarerait pas lui même.

ART. 225.

Tout homme consigné, qui sort de la caserne sans être de service ou entre dans les cantines, doit être puni sévèrement; il peut en outre, si le colonel l'ordonne, être soumis à des exercices disciplinaires. (Hommes consignés.)

ART. 226.

Lorsqu'un brigadier ou garde est puni, il subit une retenue au profit de l'ordinaire pour tout le temps de la punition qui lui a été infligée, même lorsqu'il est gracié. Ceux dont la punition est annulée ne subissent point cette retenue qui est ainsi fixée, savoir: (Retenue aux homme punis.)

Grande consigne. Le brigadier 25 centimes, le garde 15 centimes.

Salle de police. Le brigadier 35 centimes, le garde 25 centimes.

ART. 227.

Tout homme puni pour ivresse est privé de service salarié et de permission; la première fois, pour un mois, la deuxième fois pour deux mois, et enfin la troisième fois pour trois mois. (Privation de service salarié.)

ART. 228.

1° Les punitions doivent être proportionnées non-seulement aux fautes, mais encore à la conduite habituelle de chaque homme, au temps de service qu'il a accompli et enfin à la connaissance qu'il a des règles de la discipline et du service spécial du corps; (Punitions, comment infligées.)

2° Les capitaines peuvent, dans leur compagnie, augmenter les punitions infligées par leurs surbordonnés, mais ils doivent en rendre compte au colonel; lorsqu'il y a lieu à diminuer les punitions, ils en font la demande par la voie du rapport;

3° On se conformera pour la durée des punitions à infliger au règlement du service intérieur des deux armes;

Levée des punitions.

4° Toute punition cesse de droit au terme de son expiration sans qu'il soit nécessaire d'en demander la levée.

CHAPITRE XXVIII.

HABILLEMENT, ARMEMENT, MUNITIONS.

ART. 229.

Réunion du conseil d'administration au magasin d'habillement.

Le lundi de chaque semaine, MM. les membres du conseil d'administration délégués se réunissent à une heure au magasin d'habillement sous la présidence de M. le major, pour procéder à la vérification de toutes les fournitures faites par les divers fournisseurs pendant la semaine précédente, ainsi que des effets ou objets confectionnés qui leur sont présentés par les maîtres ouvriers du corps;

Effets détériorés.

2° Le même jour, les effets de toute nature qui ont été détériorés par suite d'accident de force majeure, sont soumis, par le major à l'examen de cette commission qui règle, sur le vu des pièces, l'indemnité à demander pour la perte éprouvée. En conséquence, tout homme qui a eu des effets détériorés doit se présenter le lundi, à une heure, au magasin d'habillement ; il doit être porteur de son livret; la demande pour détérioration d'effets sera établie dans les quarante-huit heures, on y joindra le certificat du chef de détachement, prescrit par l'article 150, elle sera adressée ensuite hiérarchiquement à M. le colonel commandant (voir l'article 236);

3° La commission est égalament chargée de recevoir les plaintes ou réclamations qui peuvent être adressées par les commandants de compagnie, relativement à l'habillement, équipement, harnachement, etc., et d'y faire droit s'il y a lieu (voir l'article 235).

ART. 230.

Distributions d'effets de toute nature par le magasin.

Le mardi, distribution d'effets de toute nature aux compagnies qui ont été prévenues la veille par le capitaine d'habillement qui leur indique les militaires qui ont des effet confectionnés à recevoir ;

2° Le mercredi, le drap qui a été reçu par la commission l'avant-veille, est passé au rouleau afin de s'assurer des tares qui peuvent y exister, il est ensuite mesuré, ainsi que les coutils et toiles, par un métreur juré, puis le drap est marqué sous la surveillance d'un des capitaines membres de la commission. Le capitaine d'habillement collationne et récapitule les effets qui ont été distribués le mardi;

3° Jeudi, distribution aux compagnies qui ont dû également être prévenues la veille ;

4° Le vendredi, collationnement et récapitulation des effets distribués le jeudi, demande aux divers fournisseurs des objets nécessaires pour la semaine suivante ;

5° Le samedi, distribution aux compagnies ou escadrons qui n'ont point encore été appelés.

6° Le dimanche, collationnement et récapitulation générale des effets distribués pendant la semaine. Etablissement de la situation hebdomadaire pour M. le colonel, indiquant le nombre d'effets d'habillement distribués pendant les huit jours, ceux restant à distribuer, ceux confectionnés restant en dépôt au magasin ; les vieux effets achetés par les hommes qui ont été soumis à l'examen du capitaine d'habillement, les hommes qui ont manqué aux distributious sans motif légal, enfin tout ce qui se rattache au service du magasin.

ART. 231.

Réception d'effets au magasin.

Le capitaine d'habillement ne délivre aucun effet sans qu'au préalable il ait été fourni un état de demande signé par le commandant de la compagnie et visé par le major. Les états de demande de remplacement sont rigoureusement établis par ordre alphabétique, et autant que possible au commencement de chaque mois à la suite de la revue de MM. les officiers de section ou de peloton; voir en outre le deuxième paragraphe de l'article 234. Aucun effet déjà demandé précédemment ne doit être porté de nouveau sur les bons, lors même qu'il n'aurait point encore été reçu. Chaque homme ne doit recevoir dans le même trimestre plus de deux chemises, deux cols, et trois paires de gants sans en faire l'objet d'une annotation sur l'état de demande. A cet effet MM. les commandants de compagnie tiennent la main à ce que leurs comptables inscrivent sur le registre à ce destiné tous les bons de remplacement qu'ils établissent, et qu'ils biffent les effets à mesure que les hommes les reçoivent; de cette manière ils sont toujours à même de pouvoir se rendre compte de ceux reçus et à recevoir et des motifs pour lesquels ils n'ont point été touchés.

ART. 232.

Manière d'essayer les effets au magasin.

MM. les commandants de compagnie veillent à ce que tous les hommes désignés pour recevoir des effets se rendent au magasin; que ceux qui doivent en recevoir d'habillement aient le pantalon de drap, la capotte devra être essayée par-dessus la veste; l'habit, le surtout et la veste devront être essayés par-dessus un gilet de tricot. Ils sont conduits en ordre par un des sous-officiers comptables qui remet au capitaine d'habillement la liste des hommes de service. Ceux qui n'ont pu assister à la distribution y viennent à la distribution suivante; à défaut de sous-officiers comptables, ces hommes peuvent être conduits au magasin ce jour-là par un maréchal des logis ou brigadier, mais sous aucun prétexte ils ne doivent s'y rendre seuls et surtout s'ils ne sont pas dans la tenue indiquée article 422

ART. 233.

Officiers présents au magasin pour les réceptions d'effets.

Lorsqu'un commandant de compagnie ne peut assister à la distribution, il est remplacé par un officier de la compagnie ou escadron; il doit passer la revue des effets que les hommes ont reçus, afin de s'assurer qu'ils vont bien, qu'ils ne les gênent point, qu'ils n'ont aucune défectuosité, et, dans le cas contraire, les renvoyer au magasin pour être changés ou rectifiés; mais sous aucun prétexte il ne doit laisser écouler plus de huit jours sans avoir rempli cette formalité.

ART. 234.

États de première mise.

Les états de première mise d'habillement ne doivent être présentés à la signature de M. le major que lorsque le colonel a statué définitivement sur l'admission de l'homme, ce dont les compagnies sont prévenues. Le numéro matricule de l'homme, ainsi que sa taille sont portés sur ces états;

États de remplacements.

2° Les états de remplacement sont établis ainsi qu'il est prescrit article 231, et en outre ils doivent contenir le numéro annuel de tous les hommes qui y figurent, leur situation de caisse calculée au jour de la demande, et la taille de ceux portés pour des habits ou surtouts seulement.

ART. 235.

Etat des effets reçus pendant la semaine.

Chaque dimanche, à l'heure du rapport, MM. les commandants de compagnie et d'escadron adressent à M. le major un état des effets d'abillement reçus dans le courant de la semaine, sur lequel ils consignent leurs observations. Dans le cas où des effets reçus pendant ces huit jours laisseraient quelque chose à désirer et que le capitaine d'habillement serait d'un avis contraire, les hommes sont envoyés le lundi, à une heure, au magasin avec ces effets pour être présentés à M. le major.

ART. 236.

Durée légale des effets.

Il n'est point accordé d'indemnité pour perte ou détérioration d'effets lorsque, contrairement aux ordres du corps, ces effets n'ont pas été délivrés par le magasin d'habillement, ou qu'ils ont dépassé le terme de leur durée légale qui est ainsi fixée, savoir :

Le manteau 9 ans. La capote 3 ans. L'habit, épaulettes ou aiguillettes de grande tenue, 5 ans. Le surtout, épaulettes ou aiguillettes de petite tenue, 2 ans. La veste, 4 ans. Le pantalon de draps, 1 an. Le deuxième pantalon de drap, 2 ans. Les pantalons blancs, 3 ans. Les pantalons gris, 1 an. Le chapeau, 2 ans. Le shakos, 4 ans. Le casque, 12 ans. Les grosses bottes, 2 ans. Les bottines, 1 an. Le bonnet de police 3 ans.

ART. 237.

Marque des effets.

Tous les effets d'habillement doivent être marqués ainsi qu'il est indiqué ci-après.

1° Aussitôt leur réception au magasin, le cachet du conseil doit être apposé près de la ceinture, et l'indication du trimestre et de l'année un peu au-dessous du milieu de la doublure du dos. Les pantalons reçoivent ces cachets sur la ceinture ;

2° A la caserne, ils sont marqués de la lettre affectée à chaque compagnie et escadron et du numéro matricule de l'homme. A cet effet chaque compagnie doit être pourvue de la lettre alphabétique indiquée ci-après, et d'une série de numéros de 14 millimètres de hauteur. Le peloton hors-rang prend la première lettre de l'alphabet, soit A. La première compagnie B. La deuxième compagnie C, et ainsi de suite jusqu'aux cinquième escadron qui a la lettre V ;

3° Les habits, surtouts, capotes et vestes sont marqués du numéro matricule au milieu de la doublure du dos, et la lettre de la compagnie est placée un peu au-dessus. Les pantalons et caleçons le sont sur la doublure de la ceinture entre les boutonnièrs et les boutons de la bretelle, la lettre est placée à gauche du numéro matricule ; les chemises sont marquées au pan droit du devant à hauteur du gousset et la lettre un peu au-dessus. Enfin les autres effets le sont intérieurement dans l'endroit le plus apparent. On se sert pour cet usage d'eau de rouille mêlée de sanguine.

ART. 238.

Effets achetés par les hommes, comment reçus.

Il est défendu expressément aux sous-officiers et gardes d'acheter des vieux effets aux hommes qui quittent le corps sans s'être conformés aux dispositions suivantes :

1° Ils doivent les payer de leurs deniers ;

2° Les soumettre à l'examen de leur commandant de compagnie qui, après les avoir fait essayer aux hommes et avoir reconnu qu'ils peuvent encore faire un bon service, les envoient au capitaine d'habillement avec une note indiquant leur opinion sur l'acceptation de ces effets ; celui-ci en vérifie les dimensions et, si les effets vont bien à la taille des hommes et qu'ils ne soient pas hors de durée, il y fait apposer un second cachet du conseil, et signe la note envoyée par le commandant de la compagnie.

ART. 239.

Vieux effets, défense de s'en défaire sans autorisation.

Les effets ainsi acceptés sont aussitôt marqués au numéro matricule des hommes, et on passe une barre sur les anciens sans les effacer. Toutefois MM. les commandants de compagnie doivent être extrêmement sévères sur l'acceptation de ces effets ;

2° Il est défendu à tout militaire, sous peine de punition, de se défaire de ses vieux effets sans l'autorisation du commandant de la compagnie.

ART. 240.

Bons mensuels d'effets reçus du magasin.

Les bons mensuels d'effets reçus au magasin sont établis conformément au modèle donné ; sous aucun prétexte on ne doit intervertir les noms des fournisseurs qui sont toujours classés d'après leur numéro d'ordre ; les effets doivent également suivre la série qui leur est affectée ;

Réparation d'armement.

2° Les réparations faites par l'armurier sont de deux espèces et forment deux colonnes distinctes ; celles qui doivent être considérées comme réparations d'armes sont celles qui sont faites aux fusils, sabres-briquets, mousquetons, pistolets, sabres et tire-balles. Toutes les autres sont désignées sous le titre de réparations diverses, telles que les étamages de mors et éperons, bossettes, gourmettes, esse, nécessaires d'armes et leurs réparations, cravates et pattes de sabre, tampons de cheminées et toutes réparations faites aux sabres de sous-officiers et aux épées, et ne forment qu'un seul et même total dans la feuille de décompte avec les réparations d'habillement, équipement et harnachement ;

3° Les bons mensuels doivent parvenir au bureau d'habillement le cinq, au plus tard, du mois qui suit celui pendant lequel les effets ont été distribués.

ART. 241.

Nouveaux admis, armés dans les quarante-huit heures.

Les nouveaux admis sont toujours armés dans les 48 heures qui suivent leur arrivée, à cet effet ils sont conduits au magasin avec une note indiquant leurs nom, prénoms et numéro matricule.

ART. 242.

Revue d'armement.

Conformément au règlement sur l'entretien des armes, MM. les lieutenants de section ou de peloton passent, dans les dix premiers jours de chaque mois, une revue détaillée des armes ; ils s'assurent :

1° Que la fraisure du chien soit nettoyée avec soin ;

2° Que le bois soit graissé dans le canal du canon et celui de la baguette ;

3° Ils recommandent aux hommes d'exercer une pression soutenue sur la queue de la détente lorsqu'ils font feu, afin d'éviter les dégradations qui peuvent résulter de la rencontre de la noix et de la gâchette ;

4 De nettoyer le bois aux environs de la cheminée avec une pièce grasse, et ne jamais le gratter pour faire disparaître la crasse qui s'y forme pendant le tir ;

5° De tenir constamment la vis de culasse bien serrée ;

6° Que, sous aucun prétexte, ils ne déculassent eux-mêmes leur fusil (cette opération est faite gratuitement par le maître armurier);

7° De ne point pratiquer de trous dans les bretelles de fusil pour les ajuster;

8° Enfin ils se conforment aux articles 57, 58, 59 et 61 du *Manuel d'armement* et veillent à ce que les soldats observent toutes les précautions indiquées par le supplément au *Manuel*, pages 150 et suivantes pour l'infanterie, 154 et suivantes pour la cavalerie, qui se trouvent d'ailleurs inscrites dans le tableau du démontage et remontage des armes qui doit être affiché dans toutes les chambrées;

9° Ils rendent compte de leur opération au commandant de la compagnie en signalant les réparations à faire, le défaut de soin des sous-officiers et gardes et la négligence provenant du fait de l'armurier;

États d'armement.

10° Le 12 de chaque mois, les capitaines transmettent au colonel, par la voie hiérarchique, l'état des réparations à faire à l'armement;

11° Le résultat de la visite des armes est ensuite transmis, par M. le major au capitaine d'habillement qui donne des ordres au lieutenant d'armement afin qu'il prévienne les compagnies ou escadrons du jour où les armes devront être apportées au magasin;

12° Aussitôt que les compagnies sont prévenues d'envoyer des armes en réparation, les comptables adaptent une étiquette à chacune, indiquant le nom de l'homme, le numéro de la compagnie, celui de l'arme ainsi que les réparations à y faire, et la signent.

ART. 243.

Cheminées de rechange et clefs de cheminée.

Conformément à la décision du ministre de la guerre, chaque compagnie et escadron doit être pourvu, en raison d'un 20e des armes, de cheminées de rechange, qui sont conservées en bon état pour remplacer dans un cas pressant celles qui viendraient à être mises hors de service. Dans ce cas l'homme auquel appartient l'arme est envoyé, aussitôt que possible, au magasin d'habillement, afin que la dépense soit imputée au compte de qui de droit, et que la cheminée ainsi remplacée soit rendue à la compagnie par l'officier d'armement; chaque compagnie est également pourvue de 15 clefs de cheminée.

ART. 244.

Distribution de munitions.

Lorsque l'ordre en est donné, l'officier d'armement remet aux compagnies, sur des bons signés par les capitaines, les cartouches nécessaires pour les exercices à feu ou pour le service dans les postes;

2° Les cartouches pour les exercices à feu sont distribuées par les maréchaux des logis chefs, sous la surveillance des officiers de semaine, au moment de la prise d'armes. Ces officiers veillent avec le plus grand soin à ce que toutes les cartouches à balles soient retirées des gibernes. Ils en sont responsables;

3° Au retour des exercices à feu, les maréchaux des logis chefs se font remettre les cartouches qui n'ont point été brûlées; ils s'assurent avec le plus grand soin que toutes ont été restituées. Ils se font remettre également, à la descente de tout service, les balles et la poudre des hommes qui ont été dans le cas de charger leurs armes, ou provenant de cartouches avariées;

4° Les commandants de compagnie ou d'escadron restent dépositaires et comptables des munitions qui leur sont délivrées ; à cet effet ils font inscrire exactement sur le registre à ce destiné toutes celles qu'ils reçoivent de l'officier d'armement, celles qui ont été consommées, celles qu'ils font rendre ou verser en magasin, enfin celles qui restent à leur disposition;

5° Le registre des munitions est arrêté au 1er janvier de chaque année, et doit concorder avec celui tenu par l'officier d'armement qui est chargé de le vérifier.

ART. 245.

Réparations de chaussures.

Les ouvriers du maître bottier se rendent dans les casernes au moins une fois par semaine pour recevoir ou rendre les réparations de chaussures; ils doivent y arriver avant onze heures, et se présenter au bureau des compagnies;

2° Les bottes à réparer pour les hommes qui ne subissent plus la retenue du 5e de solde, leur sont remises par un des sous-officiers comptables avec une autorisation nominative signée par le commandant de la compagnie ;

3° Quant à celles des hommes qui subissent encore cette retenue, elles ne sont remises au maître bottier qu'après que l'autorisation, signée du capitaine et visée par M. le major, est parvenue au magasin d'habillement, ce dont la compagnie est prévenue ;

4° Les bottes données à réparer doivent être rapportées, autant que possible, dans la huitaine; un reçu nominatif en est donné à l'ouvrier; elles sont ensuite rendues aux hommes après qu'ils ont signé un état d'émargement conforme au modèle donné, qui est ouvert le 1er de chaque mois dans les compagnies et escadrons;

5° Ces états sont arrêtés le 25 de chaque mois par les commandants de compagnies et envoyés à M. le major, qui, après les avoir vérifiés avec les autorisations que le capitaine d'habillement lui fait parvenir le même jour, les vise et les adresse à cet officier, qui les fait inscrire nominativement sur les registres de compte-courant avec les compagnies;

6° Sous aucun prétexte on ne doit tolérer que les ouvriers bourgeois s'introduisent dans les casernes pour y vendre des bottes ou y faire des réparations de chaussures aux sous-officiers et gardes ;

7° MM. les commandants de compagnie tiennent la main à ce qu'aucun homme ne se procure de la chaussure ailleurs qu'au magasin du corps.

ART. 246.

Réparations de chapeau.

Le maître chapelier envoie un de ses ouvriers au moins une fois par mois dans les casernes occupées par le corps, pour y recevoir ou rendre les chapeaux qui lui ont été confiés pour les réparer;

2° A son arrivée cet ouvrier se présente au bureau des compagnies, et là, un des comptables ou le maréchal des logis de semaine, en présence des hommes et de l'ouvrier, examine, avec la mesure qui est déposée dans chaque compagnie, si les chapeaux qui doivent être réparés ont les dimensions voulues; refuse l'envoie en réparation de ceux qui ne les ont pas et en réfère au commandant de la compagnie ;

3° Les chapeaux à réparer sont ensuite étiquetés et remis à l'ouvrier après que l'inscription en a été faite sur un registre à ce destiné ;

4° Lorsque l'ouvrier rapporte les chapeaux, ils sont mesurés de nouveau, et ceux qui, par suite de la réparation, n'ont pas leurs dimensions primitives, sont refusés et laissés au compte du maître chapelier jusqu'à la décision de M. le major auquel il en est rendu compte dans les 24 heures;

5° Le montant des réparations est payé sur-le-champ par les maréchaux des logis chefs sur l'acquit des chapeliers.

ART. 247.

Réparations d'équipement.

Les réparations de shakos, de gibernes et buffleteries sont faites par les fournisseurs de ces objets, qui seuls possèdent les ustensiles nécessaires à leur confection. Ils sont envoyés par les commandants de compagnie dans leurs ateliers avec des états nominatifs signés d'eux, lesquels indiquent exactement les réparations à faire; chaque objet est étiqueté et porte les mêmes indications. Lorsque les hommes doivent émarger la dépense faite pour ces réparations, les effets sont portés, après leur réparation, par les soins des fournisseurs, au magasin du corps. Dans le cas contraire, ils sont repris par les hommes, et soumis à la vérification du capitaine, qui examine si elles sont faites convenablement.

ART. 248.

L'ajustage des buffleteries et harnachement des cavaliers est fait gratuitement par le fournisseur, d'après les principes prescrits article 134 de cette Instruction, et en présence d'un sous-officier ou brigadier de l'escadron; à cet effet les cavaliers se rendent chez lui aux heures convenues.

ART. 249.

Réparations d'habillement.

Les réparations d'habillement sont ordonnées par les commandants de compagnie. Les effets à réparer sont envoyés à l'atelier du maître tailleur, avec une étiquette signée d'un comptable et indiquant les réparations ordonnées. Ils sont soumis à l'examen du capitaine ou du lieutenant d'habillement après qu'ils ont été réparés.

CHAPITRE XXIX.

REGISTRES ET COMPTABILITÉ.

ART. 250.

La nomenclature des différents registres en usage dans les compagnies et escadrons est établie ainsi qu'il suit, en ayant soin d'indiquer sur la couverture le titre et le numéro d'après l'ordre qui leur est assigné, savoir :

Nos 1 Registre matricule.
2 Contrôle annuel des hommes.
3 Registre de situations journalières.
4 Registre de comptes ouverts.
5 Enregistrement des feuilles de solde, des bons de pain, bois et fourrages.
6 Registre d'ordres du corps et de la place.
7 Registre de punitions.
8 Registre de signalements de déserteurs et malfaiteurs.
9 Registre d'analyse des procès-verbaux.
10 Registre d'armement.

11 Registre de la literie.
12 Registre des modèles d'état.
13 Registre des retenues faites aux travailleurs, permissionnaires et hommes punis.
14 Registre de la retenue du 5e de solde.
15 Registre des bordereaux de solde.
16 Registre des effets en service versés en magasin.
17 Registre des recettes et dépenses.
18 Registre des circulaires.
19 Registre du service journalier.
20 Registre journal.
21 Livret d'ordinaire.
22 Contrôle signalétique des chevaux.
23 Registre de compte-courant avec le magasin d'habillement.
24 Instruction sur le service journalier de la garde municipale.

ART. 251.

Registre matricule.

Toutes les mutations des hommes quittant la compagnie sont inscrites exactement sur le registre matricule avec indication, pour ceux qui quittent le service, du lieu où ils veulent se retirer. Les militaires venant d'autres compagnies ou escadrons y sont ajoutés aussitôt leur arrivée; les nouveaux admis n'y figurent que lorsqu'ils sont immatriculés au bureau du trésorier; celui-ci appose son visa au-dessous du détail des services lorsque les comptables en ont fait le relevé.

ART. 252.

Contrôle annuel.

Toutes les mutations des militaires qui changent de position sont inscrites sur le contrôle annuel. La situation de la masse est portée à la suite de toute mutation. Quand un homme quitte la compagnie, on tire une barre diagonale dans les cases blanches qui suivent celle où la dernière mutation est portée.

Ce contrôle est renouvelé tous les ans d'après les instructions qui sont données aux comptables par M. le major.

ART. 253.

Registre de situations journalières.

Les mutations sont portées sur le registre des situations journalières comme il est prescrit à l'article 252. A la fin de chaque trimestre le certifié du commandant de la compagnie est porté au bas de la colonne des mutations.

Ce registre sert à établir, chaque matin, la situation journalière de la manière suivante :

1° Les gardes admis provisoirement sont compris dans le chiffre d'effectif des titulaires, mais ils sont reproduits en outre dans la colonne qui leur est ouverte pour mémoire;

2° Les hommes en congés, aux hôpitaux, en permission de 8 jours et au-dessus, sont portés dans la colonne des absents;

3° Les hommes de garde figurent par grade dans la colonne des non-disponibles, afin qu'il n'y ait que ceux réellement disponibles dans la colonne des présents sous les armes;

4° Les officiers malades ou absents sont portés nominativement sur la situation journalière pendant tout le temps de leur absence ou maladie, en indiquant chaque jour la date de leur absence au verso, dans la colonne d'observations.

5° Les demandes de permissions figurent sur cette situation conformément au 2e paragraphe de l'article 205 et au paragraphe 6 de l'article 206. Toutes celles concernant le service intérieur ou administratif y sont portées;

6° Tout homme manquant aux appels est porté pendant 9 jours sur la situation journalière en indiquant la date de son absence, et s'il est ancien ou admis depuis moins de 6 mois, le 3e jour il figure dans la colonne des absents et fait mutation; le 9e jour inclusivement, s'il est tenu au service, il est déclaré déserteur. 2° S'il n'est pas tenu au service et qu'il redoive à sa masse, ou que sa disparition soit accompagnée de circonstances aggravantes, il est réputé déserteur. Dans ces deux cas, s'il est ramené au corps, le capitaine adresse au colonel, par la voie hiérarchique, une plainte à laquelle il joint le relevé de punitions, l'extrait de compte de l'homme et l'état des témoins de la désertion en double expédition. Si, au contraire, l'homme n'est pas tenu au service, et qu'il ne doive rien à sa masse, le capitaine pourra adresser au colonel, par la même voie, une demande pour que ce militaire soit rayé purement et simplement des contrôles et renvoyé du corps sans congé ni certificat. Cette demande est accompagnée du relevé de punitions et de l'extrait de compte de l'homme en simple expédition. (Voir art. 125.)

7° A toutes les punitions d'un homme on indique s'il est candidat, s'il est bon sujet et s'il est puni pour ivresse. On mentionne le nombre de fois;

8° On mentionne sur la situation journalière les militaires assignés devant les tribunaux, et on y joint toutes les pièces que l'on adresse à l'état-major.

Art. 254.

Registre de comptes ouverts. Décès.

Aussitôt qu'un commandant de compagnie a connaissance du décès d'un de ses hommes, il se conforme aux dispositions suivantes :

1° Il fait parvenir à M. le trésorier, dans le plus bref délai possible, l'extrait de compte de ce militaire, en triple expédition, sur lequel figurent les versements des deniers d'hôpital, de rappel de solde, de convalescence, congé, etc.; le bon de masse signé par lui, l'extrait mortuaire s'il est parvenu et une note indiquant les renseignements qu'il a recueillis sur les parents ou connaissances du défunt;

2° Dans le cas ou ce militaire serait décédé à la caserne ou à proximité par suite de mort violente, imprévue, ou inexpliquée, il fait constater le décès par le commissaire de police du quartier et veille à ce que le cadavre soit transporté dans un hôpital militaire conformément à la circulaire ministérielle du 5 novembre 1843, où les frais de transport sont acquittés par l'officier d'administration comptable de cet hôpital;

Hommes blessés dans le service.

3° Aussitôt que dans l'exercice de ses fonctions, un homme reçoit une blessure ou contusion ou qu'il fait une chute grave, le commandant de la compagnie ou de l'escadron fait dresser en double expédition un procès-verbal circonstancié par le commandant du détachement ou du poste dont l'homme faisait partie ou par l'homme lui-même s'il n'était point sous l'autorité d'un chef; il y joint un certificat du docteur, constatant la gravité de la blessure, ces deux pièces sont adressées hiérarchiquement au colonel, pour être déposées au dossier de l'homme, afin d'y avoir recours au besoin ;

Hommes passant à d'autres corps.

4° Les compagnies adressent également à M. le trésorier, pour les militaires passant à d'autres corps, trois expéditions de l'extrait du compte ouvert sur lesquelles l'avoir ne doit figurer que pour 35 francs lorsque l'homme passe dans un régiment d'infanterie de ligne, et 55 francs lorsqu'il rentre dans la cavalerie. S'il est admis dans la gendarmerie à pied, l'avoir est de 150 francs, et 300 francs s'il est nommé gendarme à cheval. Dans tous les cas, s'il y a un excédant à ces diverses fixations les hommes peuvent le toucher avant leur départ;

5° Lorsqu'un homme quitte la compagnie, on tire une barre diagonale sur les pages de ses comptes, partant de l'angle gauche du haut à celui de droite du bas ;

Hommes congédiés.

6° Aussitôt que les compagnies sont prévenues qu'un militaire doit-être congédié, le maréchal des logis chef fait parvenir au bureau du trésorier une note indiquant le lieu où l'homme se retire, et le jour de son départ il adresse au même bureau, ou remet à l'homme un extrait de compte et un bon de masse signés par le commandant de la compagnie. (Voir, pour la feuille de punitions, le paragraphe 2 de l'article 257.)

Art 255.

Enregistrement des bons et feuilles de solde.

Les feuilles de solde sont établies et remises au bureau du trésorier les 1er, 11 et 21 de chaque mois à 8 heures du matin ; la solde est faite le lendemain des jours ci-dessus indiqués de 9 à 10 heures du matin ; MM. les commandants de compagnie sont libres de la faire recevoir en billets de banque ou en numéraire ; dans tous les cas, ils joignent à la feuille de solde une note faisant connaître le montant de ce que chacun d'eux veut toucher, soit en billets, soit en argent.

Haute-paie.

La haute-paie pour ancienneté est comprise sur la feuille de solde tous les 10 jours et payée ainsi qu'il suit :

Aux sous-officiers	à 7 ans de service révolus, à raison de 15 c. par jour.		
	à 11 ans.	idem.	20 c.
	à 15 ans.	idem.	25 c.
Aux brigadiers et gardes	à 7 ans de service révolus, à raison de 12 c. par jour.		
	à 11 ans	idem	15 c.
	à 15 ans	idem	20 c.

Hommes s'absentant sans permission au-delà de quarante-huit heures.

2° Tous les militaires qui s'absentent sans permission au-delà de 48 heures, sont portés en mutation, et cessent d'être compris pour la solde et accessoires, du lendemain de leur disparition, et ne rentrent en possession de la solde de présence que du lendemain de leur rentrée au corps : ce qui est constaté par un certificat du capitaine, visé par le major ;

Hommes en jugement.

3° Les hommes en jugement ou en détention reçoivent, conformément au tarif ministériel du 1er juillet 1841, la demi-solde pendant tout le temps de leur détention ; lorsqu'ils sont acquittés on leur fait le rappel de l'autre moitié de leur solde ;

4° Les journées de gîte et de geôle des militaires détenus disciplinairement sont retenues aux hommes et payées par les maréchaux des logis chefs aux concierges des prisons, aussitôt la rentrée des militaires à leur compagnie ;

Appointements des officiers.

5° Les appointements de MM. les officiers sont payés au bureau de M. le trésorier les 1er, 2 et 3 de chaque mois, de 9 heures du matin à 5 heures du soir. Lorsqu'ils s'absentent, ils doivent les toucher jusqu'au jour de leur départ exclusivement et signer leur arrêté de compte.

ART. 256.

Registre d'ordre.

Tous les ordres du corps et de la place sont analysés en marge, afin d'en faciliter la recherche quand on a besoin de les consulter. Les signatures pour visa de MM. les officiers sont placées sur une même ligne au-dessous du nom de l'autorité de qui émane l'ordre; la série des numéros d'ordre recommence le 1er janvier de chaque année par le numéro 1.

ART. 257.

Registre de punitions.

Tous les trois mois les maréchaux des logis chefs font signer le livre de punitions par les hommes qui en ont subies ; la signature ainsi que la date s'apposent sur la même ligne que la dernière punition ;

2° Aussitôt qu'un homme change de compagnie, sa feuille de punitions est immédiatement envoyée à sa nouvelle compagnie ; s'il quitte le corps elle est adressée à l'état-major pour être jointe à son dossier, après que la mutation a été portée dessus en indiquant l'endroit où l'homme se retire, et son adresse s'il reste à Paris ; elle est signée par le commandant de la compagnie.

ART. 258.

Registre de signalements de déserteurs.

On se conforme pour les déserteurs des corps, aux prescriptions contenues dans l'Instruction municipale. Les signalements des déserteurs et insoumis, transmis par les autorités pour être recherchés par les militaires du corps, sont inscrits sur le registre à ce destiné, et affichés en outre pendant 6 mois dans un lieu où les sous-officiers et gardes puissent en prendre connaissance. (Voir, pour les hommes qui quittent illégalement le corps, les articles 125, 253 et 255 de la présente Instruction.)

ART. 259.

Registre d'analyse de procès-verbaux.

L'analyse des procès-verbaux ne doit pas être trop succincte, mais assez étendue pour faire connaître les noms, prénoms, professions et domiciles des personnes, ainsi que les faits détaillés qui en font l'objet ; conséquemment on ne doit point se contenter de copier l'analyse qu'on trouve en marge des procès-verbaux, mais on doit exiger que les hommes en donnent de très-explicative, lorsqu'ils les remettent aux maréchaux des logis chefs;

2° Tous les procès-verbaux doivent être rédigés dans les 24 heures et analysés sur le registre à ce destiné ; ils sont vérifiés avec soin et visés par les commandants de compagnie avant de les adresser au colonel, auquel ils doivent parvenir avec la situation journalière, et à une heure par la voie du fourrier de semaine pour ceux rédigés par les hommes descendant la garde.

La série des numéros d'ordre est renouvelée tous les semestres.

ART. 260.

Registre d'armement.

Tous les militaires des compagnies ou escadrons figurent par grade sur le registre d'armement. Les nouveaux admis n'y sont ajoutés que du jour où ils sont armés, afin que l'effectif des armes soit toujours en rapport avec celui des hommes qui y figurent;

2° Tous les trimestres une situation d'armement est adressée au bureau d'habillement; elle est conforme au modèle donné. Tous les hommes armés pendant le trimestre, ceux venus ou passés à d'autres compagnies, ceux congédiés ou passés à d'autres corps y figurent nominativement avec la mutation de l'arme et non celle de l'homme, c'est-à-dire que, pour les nouveaux admis, on porte pour mutation *armé le...*; pour ceux congédiés, *versé au magasin le.....*; enfin pour ceux passés ou venus d'autres compagnies, *venu le....* de *telle compagnie*, ou *passé le...* à telle compagnie; — Situation d'armement.

3° Le contrôle des hommes ne doit recevoir d'autres mutations que celles des militaires quittant la compagnie; ils sont biffés alors avec une barre à l'encre partant inclusivement du numéro de l'arme jusqu'au grade exclus, et en regard la même mutation que sur la situation d'armement;

4° Les compagnies et escadrons se conforment, quant à l'armement et aux munitions, aux articles 241, 242, 243 et 244 de la présente Instruction.

ART. 261.

Tous les trimestres les compagnies et escadrons adressent à M. le major une situation de la literie, conforme au modèle adopté à cet effet; — Registre de la literie.

2° Au départ de tout homme faisant mutation, sa fourniture de literie doit être vérifiée, et l'imputation pour réparations ou dégradations constatées, est faite immédiatement. Nulle imputation de cette nature ne pouvant être faite aux hommes absents, morts, ou en convalescence;

3° On se conforme pour la literie des hommes logés en ville au 2e paragraphe de l'article 131.

ART. 262.

Les bordereaux des reconnaissances d'argent reçu par les sous-officiers et gardes sont établis en double expédition, dont l'une est remise au chef du bureau de M. le trésorier, faisant fonction de vaguemestre, et l'autre reste à la compagnie après que ce sous-officier en a donné reçu en y apposant sa signature. Les reconnaissances sont payées aux hommes au bureau du trésorier tous les jeudis de midi à quatre heures. MM. les commandants de compagnie en sont prévenus par les maréchaux des logis chefs. — Bordereau des reconnaissances d'argent.

ART. 263.

On se conforme aux articles 212 et 226 de la présente Instruction pour les retenues à exercer au profit de l'ordinaire aux permissionnaires, travailleurs et hommes punis. — Registre des retenues aux permissionnaires, travailleurs et hommes punis.

ART. 264.

Le contrôle des hommes qui subissent la retenue du 5e de solde et du double 5e considéré comme versement volontaire, est établi sur ce registre au commencement de chaque trimestre; ces retenues sont exercées tous les 10 jours, et le total doit concorder avec celui porté sur le bordereau de solde. — Registre de la retenue du cinquième de solde.

La retenue du double 5e de solde est exercée à l'égard des nouveaux admis jusqu'à concurrence de la somme de 72 francs pour l'infanterie et 120 francs pour la cavalerie, à moins de versement volontaire égal à cette somme.

La retenue du 5e de solde a lieu à l'égard de tout militaire qui n'a pas pour l'infanterie 50 francs en caisse, et pour la cavalerie 150. Cependant envers les anciens sous-officiers et gardes cette retenue peut cesser, avec l'autorisation de M. le major, dès qu'ils ne sont point débiteurs envers la caisse, si le commandant de la compagnie certifie qu'ils sont pourvus de bons effets d'habillement et équipement.

ART. 265.

Registre des bordereaux de solde.

Le contrôle des hommes de chaque compagnie et escadron doit être établi sur le registre des bordereaux de solde aussitôt que la solde précédente a été faite, afin que les hommes qui éprouvent une mutation d'absence dans l'intervalle d'une solde à l'autre puissent émarger et recevoir la solde qui leur revient, laquelle, en cas de besoin, peut être avancée par la compagnie ;

2° Toutes les retenues d'argent, sans exception, doivent figurer dans les différentes colonnes disposées à cet effet, afin que la somme que reçoit le militaire soit identique à celle portée dans la dernière, sous le titre de restant à payer.

ART. 266.

Registres des effets en service versés en magasin.

Un état des effets en service versés en magasin, et un de ceux reçus, sont adressés le 1er jour de chaque trimestre au bureau d'habillement. Ces deux états sont établis conformément au modèle donné ; ils sont certifiés par le commandant de la compagnie, et l'arrêté est mis en toutes lettres. Celui des effets en service, reçus du magasin, étant une pièce comptable on y ajoute les mots : *vu en conseil* et *vu par le major* ;

2° Lorsqu'il n'a pas été reçu ni versé d'effets pendant le trimestre, les états sont négatifs et contiennent seulement la signature du commandant de la compagnie ;

3° Lorsque les compagnies doivent verser des effets en service, au magasin, il est établi un état en double expédition conforme au modèle, dont une est visée par M. le major avant le versement. La colonne du prix d'estimation reste en blanc.

Voir l'article 238 concernant les vieux effets achetés par les hommes à ceux qui quittent le corps, etc.

ART. 267.

Registres des recettes et dépenses.

Les maréchaux des logis chefs relèvent ou font relever par leurs fourriers, une fois par semaine, au bureau du trésorier, les recettes ou dépenses imprévues portées au titre de leur compagnie ;

2° Tous les trimestres les comptables établissent sur le registre des recettes et dépenses un bordereau sur lequel les retenues du 5e et du double 5e de solde sont inscrites sommairement par trimestre ;

3° Les versements volontaires, masses venues ou passées à d'autres corps, indemnité pour perte ou détérioration d'effets, décompte définitif et décompte individuel de masse y figurent nominativement ;

4° Les effets neufs et ceux remis en service reçus du magasin y sont portés sommairement par mois ;

5° Le décompte général de l'excédant de masse est également porté sommairement au titre du 4e trimestre de chaque année ;

6° L'état des masses des hommes venus ou passés à d'autres compagnies du corps est établi au verso du bordereau du trimestre ;

7° Aucune pièce de dépense, ne doit-être datée par les compagnies.

ART. 268.

Décompte.

L'excédant de masse est payé annuellement par le trésorier aux commandants de compagnie et d'escadron. Le décompte en est fait aux hommes, par les maréchaux des logis chefs, en présence des officiers de section ou de peloton, et sous la surveillance des capitaines qui emploient leur influence pour que ces fonds reçoivent une utile destination;

Masse, complet pour les deux armes.

2° Le fonds de masse de chaque militaire est fixé ainsi qu'il suit :

Pour chaque homme d'infanterie et cavalier non monté. . . 150 fr.

Pour chaque cavalier monté. 300

ART. 269.

Registres des modèles d'états.

Tous les modèles d'état qui sont adressés par M. le major aux compagnies ou escadrons, sont transcrits sur le registre à ce destiné. Sous aucun prétexte les comptables ne doivent faire de changement aux états dont ils ont le modèle, sans l'approbation de M. le major, qui donne l'ordre général des modifications demandées, s'il reconnaît qu'elles sont nécessaires.

ART. 270.

Registre du service journalier.

Le registre du service journalier est tenu par les maréchaux des logis de semaine, conformément à l'article 109.

ART. 271.

Registre journal.

Le registre-journal doit contenir tout ce qui se passe dans les compagnies et escadrons. En conséquence on doit y inscrire à l'instant même tous les événements, toutes les demandes, quelles qu'elles soient, maladies, exemptions, mutations, punitions, réprimandes, etc.; en un mot c'est d'après ce registre que doit être établi le rapport des vingt-quatre heures.

ART. 272.

Livret d'ordinaire.

On se conforme pour la tenue et la vérification du livre d'ordinaire, aux articles de 166 à 177 inclus.

ART. 273.

Contrôle signalétique des chevaux.

Le contrôle signalétique des chevaux est renouvelé comme le contrôle annuel le premier janvier de chaque année, toutes les mutations des chevaux y sont inscrites aussitôt qu'elles surviennent.

ART. 274.

Masse des fumiers.

Le conseil d'administration administre la masse des fumiers, il passe chaque année, avec le concours de M. le sous intendant militaire, des marchés qui sont ensuite soumis à l'approbation de M. le préfet de Police, pour la vente des fumiers des chevaux de troupe; sur le produit de cette masse sont prélevés:

1° Le prix de l'abonnement du ferrage des escadrons pour les chevaux de troupe;

2° Le prix d'entretien du harnachement;

3° Les frais occasionnés par le renouvellement et l'entretien des ustensiles d'écurie;

4° Le prix d'achat des bâts-flancs, pour le barrage des chevaux;

5° Le versement mensuel d'une somme de 65 francs au profit de l'ordinaire de chaque escadron;

6° Une indemnité à chaque sous-officier, brigadier ou garde qui perd son cheval, par suite de mort ou de réforme: cette indemnité est fixée au tiers de la perte réelle qu'éprouve encore l'homme, après l'allocation de l'indemnité réglementaire de remonte.

ART. 275.

Registre du compte ouvert avec le magasin.

Le registre de compte ouvert avec le magasin d'habillement sert à inscrire les effets de toute nature reçus, il doit toujours être en concordance avec celui du magasin; il est arrêté tous les mois et présente le montant en argent des effets, enfin il sert à l'établissement des bons mensuels et des états de dépense du trimestre;

2° Afin de rendre la vérification plus prompte et plus facile, ce registre doit paginer avec celui du magasin; en conséquence il doit contenir de 51 à 52 lignes par page.

CHAPITRE XXX.

DIRECTION GÉNÉRALE DU SERVICE DE L'ARME.

ART. 276.

Adjudant-major chargé de la direction du service.

L'adjudant major chargé de la direction générale du service doit s'attacher à connaître à fond la présente Instruction, les règlements du service intérieur des troupes à pied et à cheval, ainsi que le règlement sur le service des places; il transmet aux officiers supérieurs du corps les ordres donnés par le colonel pour l'exécution du service; il en surveille l'exécution à l'égard de ses inférieurs et rend immédiatement compte au colonel de toutes les infractions qu'il remarque dans le service. Son travail et sa surveillance sont de tous les instants et exigent de sa part la plus grande exactitude, surtout dans la répartition du service mensuel et éventuel, afin de ne pas surcharger une caserne au bénéfice d'une autre; il doit toujours avoir en vue que le moindre retard, ou la moindre omission dans la transmission des ordres, peuvent devenir préjudiciables à la direction du service qui lui est confié et dont il est personnellement responsable envers le colonel; il se conforme, pour la tenue de son bureau, à l'instruction détaillée qui existe à ses archives.

Il a sous ses ordres pour l'aider dans son travail: 1° un adjudant; 2° le fourrier d'ordre; 3° le deuxième secrétaire du colonel, qu'il peut employer lorsqu'il a un surcroît de travail; 4° le secrétaire de planton de 6 à 9 heures du soir; 5° et dans un cas pressant il est autorisé à se servir de tous les secrétaires présents à l'état-major; 6° pour le service extérieur, le brigadier de planton est à ses ordres; 7° le poste de la préfecture lui fournit les ordonnances à pied et à cheval, pour porter les dépêches dans les postes, casernes et autres lieux. L'adjudant major n'agit jamais qu'en vertu des ordres du colonel; il commande tous les services journaliers et éventuels, dont il rend compte au colonel. A la fin de chaque mois, il lui présente la répartition du service mensuel par caserne, et à chaque grand service, celle de ce service; il prépare tous les ordres concernant le service, et les soumet à l'approbation du colonel avant de les transmettre dans les casernes; tous les matins, après avoir examiné tous les rapports de service des postes, théâtres, patrouilles et casernes, il se rend chez le colonel pour lui en donner une analyse verbale et lui faire signer les pièces qu'il a reçues.

CHAPITRE XXXI.

TENUE DES ÉCURIES, REPAS ET RATIONS DES CHEVAUX, MANIÈRE DE PANSER LE CHEVAL.

ART. 277.

Tenue des écuries

A la sonnerie du réveil, le maréchal des logis de semaine se rend aux écuries avec le brigadier de semaine pour faire relever la litière, balayer les écuries et faire enlever le fumier, ce travail devant être terminé pour le demi-appel du pansage; il visite les licols et reçoit les rapports des gardes d'écuries sur les événements de la nuit, il fait lui-même son rapport au lieutenant de semaine à chaque appel.

Pendant le pansage, les licols doivent être attachés au ratelier par la boucle du montant ou la sous-gorge.

Les chevaux doivent avoir une demi-litière pendant le jour, elle doit-être refaite immédiatement après chaque pansage, au souper des chevaux le maréchal des logis et le brigadier de semaine veillent à ce que les écuries soient balayées avant d'étendre la litière, ils ne quittent les écuries qu'après que ces soins ont été terminés et que les chevaux ont leur fourrage; lorsque le pansage est fait dehors, les écuries doivent être aérées le plus possible et nettoyées à fond, particulièrement sous les mangeoires.

ART. 278.

Distributions des rations de chevaux.

Le maréchal des logis et le brigadier de semaine se rendent au magasin à fourrage, pour procéder à la distribution qui est faite par le brigadier de semaine, le maréchal des logis surveille cette distribution et demeure responsable de toute erreur, il conserve la clef du coffre à avoine; l'officier de semaine surveille les distributions; il vérifie les quantités de fourrage distribuées et celles restant en magasin.

ART. 279.

Composition de la ration et repas des chevaux.

La ration d'un cheval de la garde municipale est composée savoir: 1° de cinq kilos de paille; 2° de cinq kilos de foin; 3° de trois kilos et de six hectos d'avoine qui font environ huit litres et demi; elle est distribuée pour les repas de la manière suivante:

2° Un quart d'heure après le réveil, un tiers de botte de foin; après le pansage du matin un tiers de botte de paille et une demi-ration d'avoine; à midi un tiers de botte de foin; à trois heures après le pansage un tiers de botte de paille, et une demi-ration d'avoine; à sept heures du soir, un tiers de botte de foin et un tiers de botte de paille; après chaque pansage, on fait boire et rentrer immédiatement les chevaux dans les écuries dont les ouvertures doivent être fermées pour éviter les courants d'air.

ART. 280.

Substitutions dans la ration des chevaux

On délivre en remplacement de foin une quantité double de paille, en remplacement d'une ration d'avoine, une botte de paille et une de foin; en remplacement d'une ration d'avoine, deux tiers de cette ration en farine d'orge; enfin le son est échangé contre l'avoine à poids égal.

Le maréchal des logis de semaine se trouve à tous les repas des chevaux, il veille à ce que ce service se fasse régulièrement et à ce que l'avoine soit bien vannée et le foin secoué pour en faire tomber la poussière, il est secondé par le brigadier de semaine, le lieutenant de semaine assiste de temps à autre au repas des chevaux.

ART. 281.

Manière de panser les chevaux.

Le pansage a pour but de débarrasser non-seulement le cheval de la poussière qui le recouvre, mais encore d'ouvrir par le frottement les pores de la peau et de faciliter la transpiration ; il est donc de première nécessité, sous le rapport hygiénique, que le pansage soit toujours fait dehors, à moins de mauvais temps reconnu.

2° Pour le pansage, le cheval est attaché par les rênes du bridon, la tête un peu haute, le cavalier relève le frontal sur la nuque et déboucle la sous-gorge; les effets de pansage, sont placés en ordre, en arrière du cheval.

3° Le cavalier tient l'étrille de la main droite, se place près de la croupe, saisit la queue de la main gauche et passe doucement l'étrille sur toutes les parties charnues du côté droit, allant successivement de la croupe à l'encolure et de l'encolure à la croupe ; il étrille ensuite le côté gauche, tenant la queue de la main droite et l'étrille de la main gauche ; il évite de passer l'étrille sur les parties osseuses et sur les parties de la peau trop minces pour supporter le frottement de cet instrument. Avant de bouchonner, il enlève la crasse à coups légers d'époussette, il prend ensuite le bouchon, s'approche de la tête du cheval et en frotte toutes les parties; il bouchonne le côté droit et le côté gauche, et frotte avec soin toutes les parties qui n'ont pas été étrillées.

4° Avant de brosser il donne un coup d'époussette, tenant ensuite la brosse de la main droite, et l'étrille, les dents en dessus, de la main gauche; il se replace à la croupe du cheval et passe d'abord successivement la brosse à rebrousse poil sur toutes les parties du côté gauche, et ensuite dans le sens du poil; il en fait autant du côté droit; à chaque coup de brosse il la passe sur les lames de l'étrille pour enlever la crasse, et lorsque l'étrille est chargée, il la frappe à petits coups sur un corps dur en arrière du cheval.

5° Avant d'éponger, le cavalier donne un dernier coup d'époussette, et prenant d'une main l'éponge imbibée d'eau, et de l'autre le peigne, il éponge les yeux et les naseaux, puis imprégnant d'eau les crins du toupet et de la crinière, il y passe le peigne pour les démêler; il lave le dessous de la queue et le fourreau du cheval, il éponge toute la queue dont il peigne la partie supérieure, il passe l'éponge légèrement humide sur les extrémités; il essuie toutes les parties humides du cheval avec l'époussette ; quand la queue est crottée, le cavalier frotte les crins les uns contre les autres et trempe ensuite le fouet dans l'eau; il ne passe jamais le peigne dans les crins du fouet afin de ne pas les arracher; durant les grands froids les chevaux ne sont point épongés.

ART. 282.

Sortie des chevaux des écuries.

Pendant l'été, lorsque l'ordre en est donné, les chevaux devront être attachés le soir en dehors des écuries, pendant une heure ou deux, afin qu'ils puissent prendre l'air. L'officier, le maréchal des logis et le brigadier de semaine devront être présents afin d'éviter les accidents. Pendant ce temps les écuries devront être nettoyées et aérées à fond.

FIN.

TABLE

DES

CHAPITRES CONTENUS DANS LA PRÉSENTE INSTRUCTION.

A.

B.

D.

E.

I.

L.

M.

N.

O

P.

ERRATA.

Article 10, *lisez* les hommes d'infanterie sortant en patrouille.
Article 35, au 1er paragraphe, *lisez* pour les appels du pansage du matin, les officiers et sous-officiers sont en bonnet de police, habit ou capote, suivant la saison, et pour celui de deux heures, les cavaliers, etc.
Article 39, au 3[e] paragraphe, *lisez* pantalon de drap blanc.
Article 69, au 2e paragraphe, *lisez* pour leur service de ronde.
Article 71, au 2e paragraphe, *lisez* concernant la visite des chambres.
Article 71, au 3e paragraphe, *lisez* voir l'article 126, 5e paragraphe.
Article 77, au 2e paragraphe, *lisez* avec le premier détachement de cavalerie.
Article 115, au 1re paragraphe, *lisez* à ce qui est prescrit à l'article 111.
Article 119, au 3e paragraphe, *lisez* les gardes par leur attitude.

LEAUTEY, imprimeur de la Garde municipale, rue St.-Guillaume, 21.

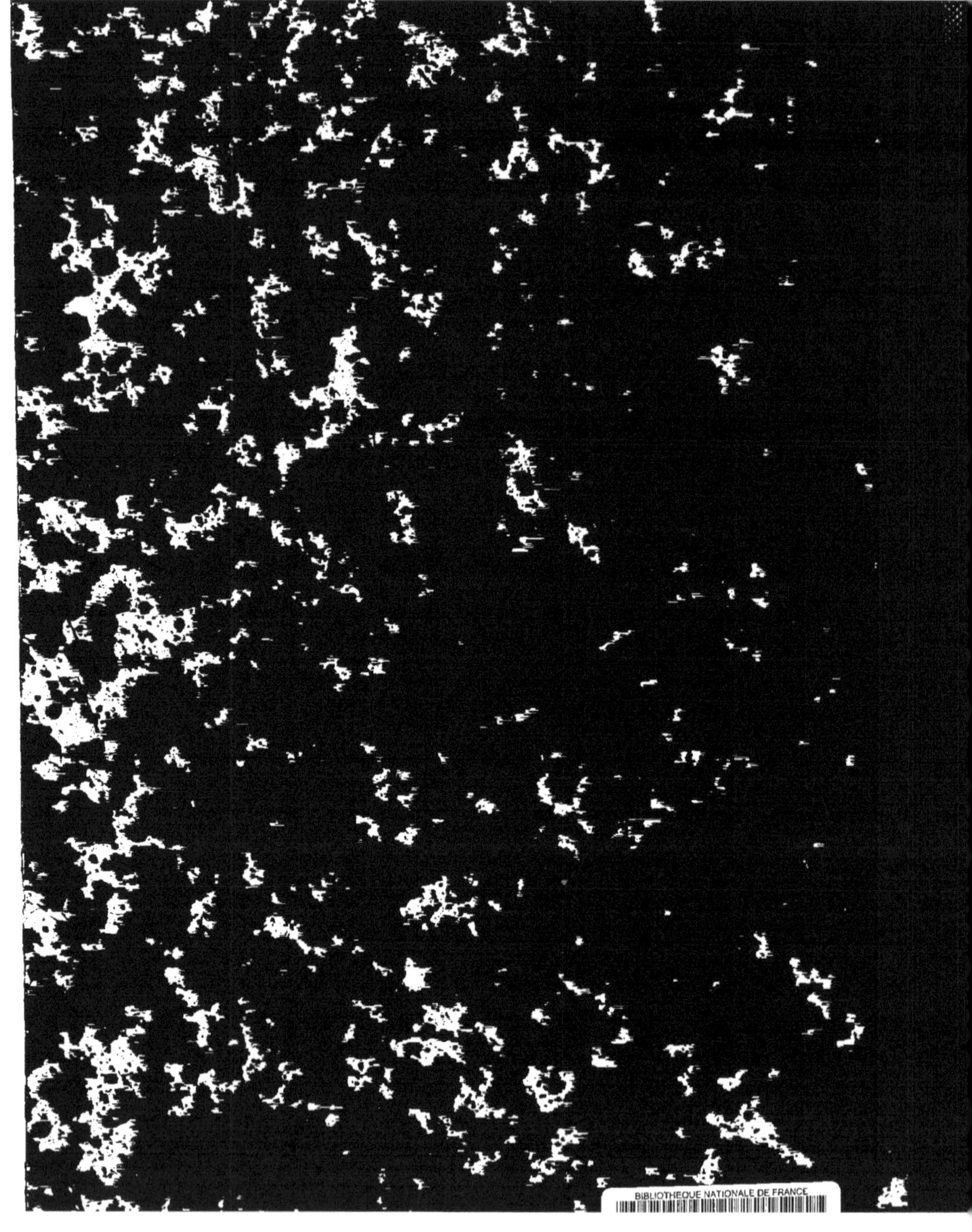

www.ingramcontent.com/pod-product-compliance
Ingram Content Group UK Ltd.
Pitfield, Milton Keynes, MK11 3LW, UK
UKHW021101200726
13857UKWH00003B/1049

9 782012 948389